U0198141

云数据安全去重技术

唐鑫 著

清华大学出版社

北京

内 容 简 介

随着信息化建设的推进,电子数据资源成为企事业单位的重要基础设施。云计算因能够实现计算和存储资源按需分配、快速部署等而迅猛发展。越来越多的团体或个人倾向于将数据迁移至云存储系统,基于云的存储和计算应用已经深入金融、工业、交通、医疗健康等传统行业。安全、高效地提供云服务对于相关技术人员来说既是机遇也是挑战。本书从云数据安全存储这一视角切入,重点解决云数据去重技术中面临的安全和效率问题,提出并系统地讲解了一系列适用于抗侧信道攻击的云数据隐私保护去重技术。本书共9章:第1章介绍了云数据去重技术的基础知识和国内外研究现状;第2、3章介绍了一些基于上传流量混淆的去重技术;第4~7章介绍了基于响应值混淆的去重技术;第8、9章介绍了基于广义去重的云数据安全存储技术。

本书内容丰富,算法翔实,实用性强,适合社会各界人士阅读,尤其适合对云数据安全领域感兴趣的一般读者和从事网络空间安全相关领域工作的教学、科研人员以及在校本科生、研究生参考使用。

图书在版编目(CIP)数据

云数据安全去重技术 / 唐鑫著. -- 北京 : 清华大学出版社,2024.7. -- ISBN 978-7-302-66789-6

Ⅰ. TP393.08

中国国家版本馆 CIP 数据核字第 20244L2X25 号

责任编辑:龙启铭   王玉梅
封面设计:刘　键
责任校对:徐俊伟
责任印制:杨　艳

出版发行:清华大学出版社
　　　网　　　址:https://www.tup.com.cn,https://www.wqxuetang.com
　　　地　　　址:北京清华大学学研大厦 A 座　　　　　　邮　　编:100084
　　　社　总　机:010-83470000　　　　　　　　　　　　邮　　购:010-62786544
　　　投稿与读者服务:010-62776969, c-service@tup.tsinghua.edu.cn
　　　质量反馈:010-62772015, zhiliang@tup.tsinghua.edu.cn
　　　课件下载:https://www.tup.com.cn,010-83470236
印 装 者:三河市铭诚印务有限公司
经　　　销:全国新华书店
开　　　本:185mm×230mm　　　　印　　张:10.25　　　字　　数:204千字
版　　　次:2024 年 7 月第 1 版　　　　　　　　　　印　　次:2024 年 7 月第 1 次印刷
定　　　价:59.00 元

产品编号:100466-01

前　言

随着大数据技术的不断进步以及新型信息传播方式和个性化服务模式的不断发展，越来越多的用户将数据外包给云端进行存储和管理，使云端数据量呈爆炸式增长，而冗余副本比例也剧增。一方面，大量重复数据引起的存储效率问题正给云服务提供商带来越来越大的困扰；另一方面，数据存储在云端脱离了用户的控制域，安全性也成为需要考虑的重要因素。云数据去重技术是应对冗余数据存储的一种有效手段。然而，现有的客户端去重方案面临侧信道攻击的风险，攻击者可以通过云端返回的去重响应判断所请求的数据在云端的存在性，从而窃取存在性隐私。当前用于解决这一问题的安全策略大多还停留在付出大量开销来换取有限的安全性阶段。即使如此，针对去重过程中面临的附加块攻击、随机块生成攻击、统计攻击等问题，仍没有足够有效的方法，导致随之而来的侧信道攻击问题没有被很好地解决。

党的十八大以来，以习近平同志为核心的党中央高度重视网络安全建设，网络安全是国家安全的重要基础，也是经济安全、社会安全的重要保障。我国目前网络环境越来越复杂，网络安全形势越来越严峻。如何提高网络安全，是摆在社会各界面前的新考题，也是广大读者密切关注的新话题。因此，笔者希望能够全面梳理和重新审视云数据安全去重领域研究的重难点和亟待解决的问题，归纳本人多年研究成果，系统地分享自己对于抗侧信道攻击的跨用户客户端云数据安全去重技术的理解。如能通过有限的篇幅，给诸位读者灵感启发，激发各位朋友深入研究的兴趣，推动安全相关专业建设和学科发展，为研究注入新鲜血液，笔者将深感荣幸。

本书紧紧围绕云数据安全去重这一主题，紧跟领域发展前沿，关注领域最新研究成果，实现科研新突破。本书在内容选取方面，关注算法的理论意义和应用价值，聚焦研究成果向实际应用的转化，以解决现实问题为导向选取代表性成果；在理论讲解方面，对最新研究成果进行横向讲解。本书按照从易到难的顺序，深入介绍每个算法的设计背景、安全目标、方案实现、实验论证、存在的问题及解决方案、未来研究方向等；同时，穿插不同算法间的纵向比较，研究其发展脉络和改进动机。每章（除第 1 章）通过引言部分介绍现有工作的设计思路和安全隐患，由此引出本章方案重点解决的问题；每章待解决的问题既互有关联又存在轻微差异,由浅入深,环环相扣,以发现问题并解决问题的研究主线串联起8章共8种去重方案。本书使用通俗易懂的语言融合复杂的前沿理论知识,吸引力强,阅读门槛较低,能够同时满足普通读者和专业研究人员不同的阅读需求。为便于有兴趣的读者进一步钻研探索,本书在最后列出了相关文献,谨供参考。

本书主要内容包括三部分:第一部分为基于上传流量混淆的去重技术,该部分详细介绍了如何轻量级地实现上传流量的混淆去重,包括响应模糊化方法、请求合并方法和随机块附加策略,帮助读者对较简单的云数据去重方案建立初步的了解;第二部分为基于响应值混淆的去重技术,该部分针对不同场景下的安全需求,详细介绍了如何通过标记混淆策略、轻量级的抗随机块生成攻击策略以及拆分策略,以上传最少数量的冗余块为代价达到混淆攻击者、抵抗侧信道攻击以及更复杂的随机块生成攻击的目的;第三部分为基于广义去重的云数据安全存储技术,该部分介绍了基于广义去重的安全去重框架以及基于Reed-Solomon编码的广义去重方案,从而彻底解决侧信道攻击问题,实现相似文件去重,通过该部分内容的阅读,读者可以对云数据安全去重的场景和未来工作有一个清晰的认识。

云数据安全去重技术发展极其迅速,目前已成为一个广袤的研究领域,罕有人士能对其众多分支进展均有精深理解。因笔者能力和成书时间所限,本书难免存有疏漏和不当之处,敬请指正。

编　者

2024 年 3 月

目　录

第 1 章

绪 论

1.1 研究背景和意义

1.1.1 大数据与云存储

随着互联网技术和计算机技术的飞速发展,数据已成为信息社会的重要资源。在此过程中,云存储的兴起为大数据提供了全新的数据管理和处理方式。大数据是指数据体量巨大、类型多样、变化速度快、价值密度低的数据,主要由于互联网和物联网的迅速发展以及各种传感器和硬盘、光盘、闪存等数据存储设备的普及而产生。有研究显示,截至2020年,互联网用户每天生成超过 460EB 的数据。IDC 最新白皮书 *Data Age 2025* 预测,到 2025 年,全球每天产生的数据量将达到 491EB。人们即将进入一个由数据驱动的大数据时代,一切都将被数字化。

大数据需要海量的存储空间、高效的数据传输和处理能力,而云存储则为应对大数据带来的挑战提供了一种解决方案。依赖云计算、大数据技术的不断进步,以及新型信息传播方式和个性化服务模式的不断发展,越来越多的用户选择将数据外包给云服务提供商进行存储和管理。云存储服务器能够协同网络中的大量存储设备为远端用户提供便捷的访问和存储服务,使得资源受限的用户无须承担数据存储和维护成本。云存储服务器具有容量大、可扩展性好、数据安全等优点,可以为大数据提供高效、便捷的数据存储和访问方式,同时还可以根据需要随时调整存储容量,满足大数据处理的需求。而且用户只需要支付使用的存储空间和带宽费用,就可以通过互联网访问数据。目前常用的云存储平台包括 IBM 公司的"蓝云"计算平台、亚马逊公司的 AWS(Amazon Web Services)、微软公司的 Windows Azure Platform 和阿里云等。

云存储平台在发展过程中延伸出多种不同的部署模式,主要包括公有云、私有云和混合云。公有云作为公共的第三方云存储平台,能够根据用户自身的不同需求来定制特有的容量和计算规模,具有良好的开放性、强大的可扩展性和充足的存储资源;私有云主要面向企业或用户提供服务,具有更强的安全性和可靠性,但所需的部署成本也比公有云高得多;混合云主要由一个或多个公有云和私有云平台组成,这些云平台既相互独立又相互协调,充分地发挥了公有云良好的开放性和私有云较高的安全性优势。在混合云存储架构中,用户一方面可将对隐私和可靠性要求高的信息存储在私有云上,以保证数据的安全性,另一方面可将外发的信息存储在公有云中,以减少自身的存储成本。

1.1.2　云数据去重技术及其核心方向

由于云存储具有成本低廉、资源分配灵活和可用性高等优势,越来越多的数据被存储在云端。这些数据包括用户的个人信息、企业的商业数据、科研机构的研究成果等。然而,在这些海量数据中,往往存在着大量的冗余信息和重复数据。据研究统计,这一比例甚至达到 60% 以上。这不仅浪费了大量的存储空间,而且大大降低了数据管理和分析的效率。虽然云存储技术为存储和管理这些数据提供了一种有效的解决方案,然而一方面,大量重复副本引起的存储效率问题给云服务提供商带来越来越大的困扰;另一方面,重复数据的上传给用户引入了大量不必要的通信开销,使得带宽被大量占用。此外,数据存储在云端脱离了用户的控制域,安全性也成为云用户需要考虑的重要因素。

针对效率问题,云数据去重技术应运而生。云数据去重技术是应对冗余数据存储和上传的一种有效手段。通过特定的算法对存储在云端的数据进行查询和去重,使得云端只需要保存相同文件的单一或少量副本,避免重复数据的存储和传输,从而达到减少存储空间、节省带宽资源、提高数据访问效率、确保数据安全等目的。云数据去重技术已经成为云计算领域的热门研究方向之一,许多学者和研究机构对其进行了深入研究。具体来说,从去重发生的位置来看,云数据去重技术研究分为两种:一种是在传输过程中进行的去重技术,称为源端去重;另一种是在云存储系统中进行的去重技术,称为目标端去重。

源端去重技术可避免将重复的数据上传到数据存储中心,从而减少存储空间的占用和数据处理的时间。该技术通常通过对数据的唯一标识符进行比较和去重,以确保数据的唯一性。这些唯一标识符可以是数据中的任何字段,如文件名、文件大小、文件创建时间等。当新数据请求上传时,云服务提供商会将新数据的唯一标识符与云端已有数据的唯一标识符进行比较,如果发现已有数据中已经包含相同的唯一标识符,则将新数据视为冗余数据,不予上传。具体来说,去重系统通常会对数据进行分块和哈希处理,将数据切分成若干块,然后计算每块的哈希值,将哈希值作为标识符保存到索引表中。当数据传输到云存储服务器时,服务器会先比较数据的哈希值是否存在于索引表中,如果存在,则表示该数据已经存储过,可以直接使用之前存储的数据块,不需要再次传输和存储。这样就避免了重复数据的传输和存储,节省了带宽和存储空间。

与源端去重技术不同,目标端去重技术需要在数据处理或存储阶段对数据进行去重。具体来说,在云存储系统中建立一个数据指纹库,将数据的指纹和哈希值保存到库中,然后在已上传并存储的数据中,通过比较数据的指纹和哈希值是否与其他数据的指纹和哈希值相同,来判断数据是否已经存储了多个副本。如果是,则直接将这些数据视为冗余数据,只保留该数据的单一副本,以指针的方式链接该数据的不同所有者以及数据本身。通过这种方式,可以在云存储系统中避免重复数据的存储和浪费,减少冗余数据的存储和计算,提高数据处理和存储的效率,节省成本。

近年来,在源端去重的基础上,支持更进一步节省资源和降低开销的跨用户源端去重技术得到了广泛发展和应用。具体而言,相同文件的去重不再只局限于同一用户,而是扩大到整个云平台合法用户。只要多个用户拥有同一个文件,云服务提供商只会要求初始用户上传完整的文件到云端存储,后续用户只要证明对这一文件的所有权,就会被加入到文件所有权列表,成为文件的共同拥有者。云服务提供商通过建立云端存储文件到用户ID 的链接指针,就可以避免后续用户的重复上传。避免重复数据的传输和存储,将提高数据的访问速度。

跨用户去重的核心思想是将用户之间的数据进行比较,找出相同的数据,并只保留一个副本。这样可以节省存储空间,提高数据的读写效率,降低成本。跨用户去重技术的实现方法主要有以下几种。

1. 基于哈希的跨用户去重方法

基于哈希的跨用户去重方法是一种基于哈希算法的数据去重方法。该方法将数据映射到一个哈希表中,并通过比较哈希表中的哈希值来判断数据是否相同。如果两个数据的哈希值相同,则进行进一步比较。该方法适用于数据量较小的情况,但是由于哈希算法的特性,可能会存在哈希冲突,导致误判率提高。

2. 基于特征提取的跨用户去重方法

基于特征提取的跨用户去重方法是一种将数据特征进行提取后,通过比较特征值来判断数据是否相同的方法。该方法适用于数据量较大的情况,但是由于特征提取的复杂度较高,需要消耗较多的计算资源。

3. 基于分布式存储的跨用户去重方法

基于分布式存储的跨用户去重方法是一种利用分布式存储的优势,在多个节点之间进行数据比较和去重的方法。该方法具有较高的可扩展性和容错性,但是需要消耗较多的网络资源和计算资源。

站在云服务提供商的角度考虑,云存储器只需要维护相同文件的单一副本,极大地节约了存储开销。对于云平台合法用户来说,文件上传到云端存储需要消耗一定的带宽和网络流量,跨用户源端去重技术可以极大地减轻云用户的通信压力。此外,同一文件占用较少的云端存储资源,反过来会降低云存储器的租赁费用,用户可以花费更少的费用满足自身的存储要求,良性促进更多用户选择云平台外包本地数据,进而为云服务提供商带来更大收益。

1.1.3　去重技术的重要性

跨用户源端去重技术的研究存在一些挑战和难点,例如如何保护用户隐私,如何应对海量数据等。同时,跨用户去重技术的应用领域也在不断拓展,如社交网络、云存储、医疗健康等领域都需要跨用户去重技术来保护用户数据。在未来,随着云计算和大数据的快速发展,跨用户去重技术的研究和应用将会得到进一步的拓展。本书将重点研究安全高效的跨用户源端去重技术,以保护用户隐私、提高数据处理效率、节省存储空间等。

本书的意义可以归纳为以下两点。

1. 重要的学术意义

云数据安全去重作为云安全领域的前沿研究方向,其技术研究具有非常重要的学术意义。当前,随着大数据的快速发展,云存储已经成为大数据处理的重要基础设施之一,越来越多的用户将自己的数据存储在云端。但是,云存储中的数据隐私和安全问题也逐渐凸显出来,特别是数据去重技术的安全问题。传统的数据去重方案大多停留在付出大量开销来换取有限的安全性的阶段,这使得云数据去重技术的发展和进步受到了很大的制约。特别是在明文去重和密文去重中,附加块攻击和女巫攻击等侧信道攻击等问题给数据的安全性和隐私性带来了非常大的威胁。因此,研究如何实现轻量级的抗侧信道攻击去重技术具有非常重要的意义。本书将主要从数据去重技术方面展开介绍,通过解决上述问题,实现轻量级的抗侧信道攻击安全性。本书将详细介绍基于随机化技术和冗余注入技术的抗侧信道攻击去重方案,探讨方案在通信开销和存储效率等方面的优化方法,提出一系列可行的跨用户源端去重技术方案,并对方案开展详细的实验分析和性能测试。相信本书介绍的研究成果,将为云数据去重技术的发展和进步提供重要的理论支持和实践指导;将有助于推动云数据去重技术的发展和进步,提高云存储的数据安全性和隐私性,更好地保护用户的数据安全和隐私。

2. 深远的实际意义

在当前云存储的应用场景下,随着数据量的不断增长,云存储的使用不仅限于个人用户,很多企业和机构也开始将数据存储在云端,这些数据往往涉及机密性和隐私性,安全问题显得更加重要。海量的冗余数据给云服务提供商带来了严重的存储资源消耗,能否及时有效地实现云端数据的去重,设计轻量级的去重算法,直接关系其存储效率和运维成本。对于用户来说,数据脱离了其物理控制域,私人数据隐私安全也就成了一个重要的问题。云端是否能够安全地保存用户数据,私人数据隐私是否能够得到有效保障,直接关系用户是否会选择使用云存储这种方式来存放数据。因此,轻量级抗侧信道攻击的跨用户源端去重技术是当前云安全领域的前沿研究方向之一。实现用户数据去重,提高云存储资源的利用效率,减少云服务提供商的运维成本,在减少额外开销的情况下实现抗侧信道攻击安全性,从而提高用户的使用信心和体验,这是确保该技术走向实际应用的重要保障。本书将从实际需求出发,首先介绍当前主流的云数据安全去重技术,以及各自的局限性;然后在此基础上,介绍所构建的新型技术手段以直接应对侧信道攻击的挑战,实现对用户数据的去重和隐私保护,同时对明文云数据去重引入高效策略以进一步降低用户开销。通过本书的撰写,笔者期望扫除云数据去重技术走向实际应用的障碍,大力推动该技术的实际应用,从而提高云存储资源的利用效率,降低云服务提供商的运维成本,并保护用户数据隐私安全,为用户提供更安全、更可靠的云存储服务。

1.2　面临的挑战

在常见的数据存储系统中,往往以明文形式对数据进行存储和管理,并且数据的所有权和管理权均完全归用户所有。用户以租赁云服务提供商存储资源的方式,将本地数据外发到云端存储,以减少本地数据存储和管理开销。为了在此基础上进一步提高存储效率,云服务提供商对数据开展去重操作,来降低上传数据时的通信开销以及上传后的存储开销。目前,数据去重的相关技术已经比较成熟,在相同数据以及相似数据的重复性检测方向上都取得了一定的研究进展和研究成果。然而,在云存储系统中,由于数据脱离了用户的物理控制域,数据的管理权也因此与数据的所有权分离,数据的完整性以及云端存在性隐私安全性均无法有效保证。部分用户往往采用对外发数据进行加密处理的方式来保护敏感信息的安全。然而随机性加密算法的原理是采用不同的密钥对相同的明文进行加密得到不同的密文,导致云端不能检验这些密文是否对应相同的明文,因此密文数据不能采用明文数据的去重方法,这给云数据安全去重带来巨大挑战。这一问题可通过密文数据跨用户去重技术得以有效解决。

在常规的跨用户源端明文云数据去重中,用户在上传数据之前,首先向云服务提供商发起去重请求,后者向用户反馈确定性的响应,来标识目标数据在云端的存在性。用户不需要上传云端已经存在的数据,从而使冗余的通信和存储开销得到有效控制。对密文云数据,为了实现其去重需要在密文生成过程中使用文件内容相关密钥取代用户密钥,以确保对同一明文数据,不同所有者可以生成相同的密文,通过类似的过程实现去重。

然而,这种数据处理方式也给云数据安全去重带来了以下两个挑战。

1. 侧信道攻击

在跨用户数据去重过程中,很可能会产生侧信道攻击,这一般是由文件的规格、格式、散列值等信息被攻击者利用所引起的。攻击者可以通过识别文件、试图学习文件剩余内容和建立隐蔽通道来揭露用户的薪资、财产、电子病历等个人隐私信息。如何在云数据安全去重过程中,避免侧信道攻击以保护参与用户的隐私成为一个需要解决的问题。

2. 效率问题

在跨用户数据去重过程中,客户端传输数据导致的通信开销、云端存储数据导致的存储开销,以及用户和云服务提供商上传和恢复数据导致的计算开销,均是新技术研究时必须考虑的问题。为保证用户数据在传输和存储中的隐私性,大多方案还处于通过大量开销换取有限安全性的阶段。在跨用户安全去重过程中,能否在保证一定程度的数据安全基础上降低开销,成为理论技术能否推广应用到实际场景中的关键性因素。

下面将具体介绍跨用户去重技术面临的挑战。

1.2.1　侧信道攻击

当我们通过计算机系统完成某条指令或某段程序功能时,计算机会源源不断地泄露出比我们所认知到的信息更多的信息,这通常是一些不经意间释放的无意识信息,这些信息统称为侧信道信息。通常在设计算法的时候,设计者考虑的是输入和输出,而不会考虑程序运行时发生的其他事情。攻击者如果学会了提取这些无意识信息,就能读取其中所包含的秘密,这种攻击方式被称为侧信道攻击。

侧信道攻击是一种基于侧信道信息泄漏的攻击,通过分析目标系统的侧信道信息,攻击者可以获取系统的敏感信息,从而对系统进行攻击或者破解。例如,在硬件层面,攻击者可以通过计算机显示屏或硬盘驱动器所产生的电磁辐射,来读取受害者计算机所显示的画面和磁盘内的文件信息;或是,通过计算机组件在执行某些程序时需要消耗不同的电量,来监控受害者的计算机;抑或是,仅通过键盘的敲击声就能知道受害者的账号和密码。

在云数据去重中,由于数据需要与云服务器交互进行去重,因此攻击者可以通过分析云服务器的资源使用情况、响应时间、能耗等侧信道信息,推断出目标数据的信息,从而进行数据窃取或者篡改。具体来说,考虑跨用户去重过程中的侧信道攻击。跨用户源端去重技术本质上可以理解为一个预言机,用户对预言机进行询问,想知道"当前文件之前是否被上传并存储在云服务器中?"预言机将会根据比较结果给出确定性回答"是"或者"否",表明当前文件是否为第一次上传。预言机给出的回答只能是简单的"是"或者"否",即使文件之前被上传,也不会泄露上传用户或者上传次数和上传时间。然而,这一确定性响应不可避免地为攻击者创建了一个侧信道,能够传递给攻击者目标文件的云端存在性隐私。

攻击者发动侧信道攻击可以轻易地完成文件确认、学习文件内容以及隐蔽通信。接下来将对这些攻击形式进行详细讲解。

1. 文件确认攻击

假设攻击者 Alice 想要了解云存储服务受害用户 Bob 的信息。如果 Alice 怀疑 Bob 拥有某个特定敏感文件 X,该敏感文件不太可能由其他任一用户所拥有,她可以使用重复数据删除来检查这一猜测是否属实。Alice 需要做的只是尝试上传敏感文件 X 的副本,并检查重复数据删除是否发生。考虑以下应用场景,假设有一个文件(例如,一个暴力事件的记录、一个包含窃取的敏感信息的文件,或者与儿童色情相关的材料)证明了一些非法活动。一旦执法机构人员获得了该文件的副本,他们就可以将其上传到不同的云存储服务器,并识别存储该文件副本的存储服务。然后他们可以申请法院指令,要求云服务提供商披露上传文件的用户的身份(如果文件被认为过于敏感,无法上传以识别拥有该文件的用户,执行机构人员可以在确定是否对此文件应用了重复数据删除后,立即终止上传过程)。

2. 学习文件内容

文件确认攻击只让攻击者检查特定文件是否存储在云存储服务器中。但是,攻击者可能会对同一文件的多个版本开展攻击,实质上是对文件内容的所有可能值进行暴力攻击。一旦攻击者猜对了文件内容,就可以通过观察去重响应推断所检测的文件在云端的存在性隐私。例如,假设 Alice 和 Bob 在同一家公司工作,该公司使用云备份服务来备份其所有员工的合同。所有员工每年都会收到一份新的标准合同,其中包含他们的最新工资。Alice 想知道 Bob 的新工资,可能是 500 美元的几倍,在 5 万到 20 万美元之间。Alice 要做的就是生成 Bob 合同的模板,上面有 Bob 的名字和新合同的日期,然后为每一个可能的工资生成一份合同的副本(总共 301 个文件)。然后,她在她和 Bob 使用的公司备份服务系统中上传备份。这 301 个文件中发生重复数据消除的单个文件就是 Bob 的实际工资文件。只要目标文件的可能版本数量适中,就可以实施这种攻击。

这种攻击的实施前提为敏感文件的信息熵足够小,即对于低最小熵的模板文件来说,攻击者可以在可接受的开销内遍历目标文件的所有可能版本,窃取文件内容隐私。

考虑另一个低最小熵模板文件内容隐私泄露的场景。假设 Bob 在他的计算机上存储了一个医学检测报告文件,详细说明他的某项医学测试结果。Alice 可以利用这种攻击来获悉 Bob 的身体状况。测试结果通常来自一个小的域(例如:对遗传疾病的发生或妊娠测试的结果的"是"或者"否"回答;测试结果数值处于一定取值范围内,如胆固醇测试的100 个可能值)。Alice 可能知道检测医生的名字和检测的日期,或者它们可能来自一个较小的取值范围。Alice 甚至可以进行相似日期的医学测试,获取测试结果作为参照,猜出 Bob 测试的序列号。根据上述所有已知参数,Alice 最终可以利用学习文件内容这种侧信道攻击,获取 Bob 的医学测试结果。

此外,拍卖会的竞拍价格,电子邮件的收件人和收件地址,法律裁决文书的判决结果等低最小熵的模板文件,在这种攻击下均处于隐私泄露的安全风险中。

3. 隐蔽通信

假设 Alice 在 Bob 的机器上安装了一些恶意软件。传统的通信方式可以通过防火墙来切断,即 Bob 运行防火墙来阻止未经授权的程序连接到外部世界。然而,如果 Bob 正在使用支持跨用户重复数据删除的在线存储服务,Alice 可以使用重复数据删除攻击来建立从恶意软件到 Alice 自身运行的远程控制中心的隐蔽通道。我们首先描述该软件如何传输 1 比特数据。该软件生成两个版本的文件 X_0 和 X_1,并将其保存在 Bob 的机器上。如果恶意软件想传输消息"0",则它上传文件 X_0 至云端并保存文件 X_0;否则,它上传并保存文件 X_1。这些文件必须足够随机,这样任何其他用户都不可能生成相同的文件。在某个固定的时间点,Bob 运行了数据备份,并将备份文件存储在在线云存储服务器上。恶意软件借由这一过程传输秘密信息,将这种上传行为隐藏到 Bob 的正常上传中,以提高通信的隐蔽性。然后,Alice 使用与 Bob 相同的云服务请求事先约定的文件 X_0 和 X_1 上传,并了解文件 X_0 和 X_1 中的哪一个已经被存储。也就是说,通过这种方式,Alice 可以了解恶意软件发送了什么消息,完成一次 1 比特的隐蔽通信。

进一步,Alice 可以使用这种隐蔽通道传输任意长的消息,方法是让恶意软件生成并保存多个文件,并对每个文件的内容使用两个以上的选项。然而这种通信方式为单向通信,如果恶意软件可以检查上传服务的日志文件并观察重复数据删除何时发生,Alice 可以使用相同的技术向相反的方向发送消息。

这些利用侧信道信息的攻击形式不仅会造成数据泄露,还会衍生出数据篡改、数据拒绝服务、降低数据去重效率、损害云服务提供商的信誉等问题。例如,攻击者可以通过侧信道攻击获取数据内容隐私,窃取数据访问权限,从而篡改数据,破坏数据的完整性和可靠性;还可以通过侧信道攻击占用云服务器的资源,导致服务不可用或者运行缓慢。而这些安全问题的发生也会反过来极大地影响云服务提供商的信誉,从而弱化潜在用户选择云服务方案的信心,降低云服务提供商收益。

为了应对云数据去重中的侧信道攻击,研究人员提出了如下一些防御方法。

- 随机化技术:通过随机化云服务器的响应时间、响应内容、能耗等侧信道信息,来防御侧信道攻击。

- 加密技术:通过对云数据进行加密,防止攻击者从侧信道信息中推断出数据内容。

- 访问控制技术:通过访问控制技术限制云服务器的访问权限,防止攻击者发起侧信道攻击。

- 数据切割技术:通过将数据切割成多个部分,将数据的存储和去重分散到不同的云服务器中,从而防止攻击者利用侧信道攻击获取全部数据。

- 监测技术:通过对云服务器资源的监测和分析,及时发现并防御侧信道攻击。

现有工作重点关注随机化技术。随机化是一种最基本的防御侧信道攻击的方法,它通过提高数据查询和存储的随机性来使攻击者无法获得有意义的信息。具体来说,云服务提供商可以在去重响应生成过程中增加冗余来干扰攻击者的分析过程,从而使得攻击者无法准确地推断出数据的真实内容,或者在数据加密过程中引入随机信息以实现混淆。例如,攻击者生成某一特定文件的去重请求,请求首先将文件划分成块,其中部分块为攻击者感兴趣的目标敏感数据。云服务提供商为最大化存储效率,正常情况下只会要求攻击者上传请求中未被存储在云端的块。而攻击者只需要监控这一响应,通过分析请求中要求上传的块数量或者具体是哪些块被要求上传,就可以推断敏感数据的云端存在性,这也是导致隐私泄露的原因。随机化技术允许云服务提供商在生成响应的过程中,从请求里随机挑选不定数量的已经存储于云端的命中块,添加到最终响应中。这些被添加的块即为冗余信息,用来混淆攻击者的判断。

随机化技术虽然可以有效地防御侧信道攻击,但同时也会对系统的性能产生一定的影响,因为冗余的添加不可避免地导致用户需要额外上传一些不必要的块。因此,在实际应用中需要综合考虑随机化带来的性能损失和安全性需求之间的平衡。

在跨用户源端去重技术的研究过程中,笔者在上述侧信道攻击的基础上,提出了一种更复杂的侧信道攻击方式——随机块生成攻击。简单来说,攻击者可以轻易地生成任意数量的随机块,这些块中的每比特数据随机生成,极大概率并未存储于云端,可将其看作未命中块。鉴于此,攻击者可以利用随机未命中块和目标敏感块构造特殊的去重请求,以提高窃取隐私的概率。在这种攻击中,单个去重请求中目标敏感块的数量越少,攻击成功率就越高。因为结合现有的去重响应生成机制,只有攻击者同时命中所有敏感块时才会导致安全风险。考虑到这一点,笔者进一步定义了一种更难以抵抗的侧信道攻击形式——统计性随机块生成攻击。统计性随机块生成攻击在随机块生成攻击的基础上演变而来,将单次的随机块生成攻击拓展成多次的统计攻击。对于可预测的低熵模板文件,攻击者仅将一个敏感块和多个随机块组合构造去重请求,每次请求更改敏感块的可能版本,直到响应值暴露其存在性隐私或者遍历所有的版本。重复上述工作,所有敏感块的云端存在性都将依次暴露。这种更复杂的攻击形式将在第 7 章详细展开。

1.2.2 效率问题

在实现抗侧信道攻击的跨用户源端去重技术的同时,需要考虑多个效率问题,包括计算模型效率问题、云服务器存储效率问题和客户端通信开销问题等。

1. 计算模型效率问题

跨用户源端去重技术需要进行大量的计算,包括哈希计算、比对计算、编解码运算、加密运算等,这些计算需要耗费大量的时间和计算资源。如何优化计算模型是一个需要解决的问题。具体来说,考虑算法复杂度问题,跨用户源端去重的算法可能需要进行更多的计算,因此其算法复杂度也可能会提高,由此带来的计算开销不可忽视,这可能需要对算法进行优化,以提高计算效率;考虑数据格式转换问题,跨用户源端去重系统中不同用户上传的数据格式可能不同,需要事先将其转换为统一的格式进行去重,这可能涉及数据格式转换和解析等操作,也会影响效率;考虑到安全问题,跨用户源端去重技术需要处理多个用户的敏感数据,因此需要考虑数据隐私和安全问题,可能需要使用加密技术来保护数据的安全,但加密和解密过程也会提高计算复杂度和时间成本;考虑并行性问题,跨用户源端去重技术需要同时处理多个用户的数据,因此需要具备较高的并行性,但是,由于多个用户的数据量可能不同,这就导致了并行性的不均衡,从而影响了整个系统的效率;考虑数据分布问题,如果源数据集分布在不同的数据中心或者不同的地理位置,那么进行跨用户源端去重的时候,需要在不同的数据中心之间进行数据传输,这也会影响效率。

2. 云服务器存储效率问题

去重系统中云服务器存储效率指的是在使用去重技术对云用户数据进行存储时,存储系统所能达到的存储空间利用率。传统的存储系统在存储相同或相似数据时,由于每个数据都是独立存储的,会导致存储空间的浪费。存储和计算资源受限的用户选择租赁云端存储资源,将本地数据外包给云服务器进行存储。有研究表明,这些上传到云端的数据中有 75% 是重复的。例如:同一用户的备份数据,可能每次上传的内容相同或只有轻量变化;多个用户的共享数据,云服务器会存储相同文件的多个副本。这些冗余数据不可避免地占用了云端存储资源,降低了存储效率。跨用户源端去重技术是解决这些问题的有效手段。而使用去重技术可以通过对数据进行去重,只保留一份相同的数据,从而节省存储空间,提高存储空间利用率,降低存储成本。然而,一方面,在进行跨用户源端去重的时候,需要将所有用户的数据集中起来进行比对,这会占用很大的存储空间。如果数据集非常大,存储容量问题就更为突出。另一方面,为实现抗侧信道攻击的跨用户源端去重技术,用户被要求上传多个冗余数据,对这些冗余数据的存储是实现隐私保护的必要措施,而在存储效率层面却是需要避免的。冗余数据占用了其他必要数据的存储空间,势必会导致存储空间浪费,存储效率降低。在实际应用中,去重系统中的存储效率会受到多种因素的影响,如数据类型、数据分布、去重算法、系统架构等。

3. 客户端通信开销问题

在跨用户源端去重过程中,用户和云服务提供商要不断交互,以便实现去重操作。具体来说,用户需要将自己的数据指纹(如哈希值)发送给云服务器,云服务器再对这些指纹进行比对,如果比对成功,则返回响应阻止用户的后续上传,否则要求用户上传请求的完整数据,以此实现去重。在这个过程中,客户端需要向云服务器发送一定的通信量。客户端通信开销主要包括两个方面:上传通信和下载通信。上传通信是指用户将自己的数据指纹上传到云服务器以及后续将检查未存储在云端的数据上传到云服务器的通信开销;下载通信则是指用户从云服务器下载云端存储数据的通信开销。这些通信开销对用户的网络带宽和网络延迟要求比较高,如果通信开销过大,将会导致用户的网络负载过重,从而影响用户体验。在分布式的云存储系统中,需要将用户的数据发送到不同的云服务器进行处理,因此需要占用大量的网络带宽资源,可能会导致网络拥堵和传输速度变慢,使用户等待时间变长。基于随机化策略的抗侧信道攻击的跨用户源端去重技术,可以在一定程度上提高数据隐私的安全性,但也会随之带来通信开销问题。具体来说,为了在去重响应中引入随机度,云服务提供商通常会在请求中检查已经存储于云端的命中块,在其中随机选择一些块作为冗余数据,添加到最终返回给用户的响应中。这些冗余数据并非实现数据存储的必要输入,而是在一定程度上保证隐私安全性的额外输入。这些数据不可避免地增加了客户端的通信开销。

综上所述,为了实现抗侧信道攻击的跨用户源端去重技术,需要解决多个效率问题。尽管通过采用合适的技术和策略,例如数据分块、哈希算法优化、数据压缩、网络优化、并行控制优化、分布式存储等,可以提高系统的效率并减少资源消耗,然而,开展抗侧信道攻击的跨用户源端去重技术的开发和实现,需要综合考虑多种设计需求,尤其是数据隐私和安全问题,在保证去重方案在实现轻量级的同时,要确保用户的敏感信息不受攻击和泄露。去重方案的安全和效率问题是一对此消彼长的孪生兄弟,可以使用博弈论方法在两者之间寻求平衡。此外,还需要充分了解数据去重技术的原理和实现细节,结合实际场景进行优化和改进,以提高技术的实用性和可行性,从而更好地推进云数据去重技术的发展和应用。

1.3 国内外研究成果

1.3.1 明文去重

在云数据的跨用户去重中,若云端存放了模板化的可预测文件,攻击者可以通过发起侧信道攻击、尝试上传猜测的目标文件并观察去重响应,从而窃取目标文件的存在性隐私。具体地,攻击者可生成所猜测目标文件的哈希值作为去重请求,发送给云服务提供商。一旦云返回的响应不要求上传哈希值对应的文件,所猜测文件在云上的存在性隐私即被窃取。Armknecht等分析了侧信道攻击下隐私泄露的风险和云端去重效率之间的关系,发现通过降低去重效率可在一定程度上实现对该攻击的抵抗。具体来说,他们对云数据去重过程进行建模,基于特定的概率分布来选择触发客户端去重的阈值,从而降低攻击者通过重复上传获取去重阈值的能力。然而,该方案与门限去重方案类似,在达到去重阈值之前,用户需要额外上传多个重复副本,造成资源浪费。

针对开销问题,Zuo等面向明文云数据提出了一种数据块级的安全去重方法,按照他们的设计,目标文件的所有敏感信息被假定包含在一个数据块中,同一去重请求的其他块均为公开块,公开块确定在云上存在,其存在性被所有用户所知。云端判断出所检测文件的真实存在性后,在响应中加入一定数量的冗余块要求用户上传,这个数量经过精心设计,对敏感块被命中和敏感块未被命中两种类型的去重请求,要求用户上传的数据块数量在同一区间中。从而,用户无法根据响应中要求上传的块数量判断所检测文件中敏感块在云端的真实存在性。然而在附加块攻击场景下,攻击者给待检测文件附加上数量随机的未命中块,再生成相应的去重请求发送给云服务提供商开展去重检测。由于云端并不知道附加的未命中块数量,因此无法确保敏感块被命中和敏感块未被命中两个场景下要求用户上传的数据块数量在同一范围。此时云服务提供商只能在一个固定的区间之内生成随机数,然后要求用户上传对应数量随机选定的数据块。由于敏感块被命中和敏感块未被命中两种类型的去重请求未命中块的数量相差为1,其各自对应的去重响应要求上传的块数范围存在偏差。这时的响应结果就转换为可区分响应,攻击者有可能通过分析不同的响应结果窃取敏感信息的存在性隐私。作为后续工作,Zuo等又提出了一种基于相似性的图像去重方案,然而在冗余消除过程中,仍然未能解决以上安全问题。

随后,Yu 等提出了一种基于数据块对(即两个相邻数据块配对)的去重检测方案。该方案能同时检测一个数据块对的存在性,并根据数据去重结果生成混淆的去重响应。具体来说,系统一次判断一个数据块对的云端存在性,并根据数据块对中两个块的检测结果生成一个统一的去重响应,而不是每个数据块对应一个响应。当这两个数据块中至少有一个被命中时,即在该次请求前已经存储于云端,响应值为 1,表明用户需要上传这两个块的异或值;否则需要上传两个完整的数据块。云端可以根据已存储的命中块和异或值恢复未被命中的请求块并存储。该方案需要云服务提供商维护一个独立的数据结构(脏块列表)以记录所有用户检测过却未上传的数据块,只要后续请求中包含脏块,请求中的所有块都被要求上传。以此来阻止攻击者对相同数据块的多次重复检测,这无疑加大了云端的存储和计算开销。除此以外,该方案无法严格保护云存储端目标文件的不存在性隐私。攻击者一旦接收到云服务提供商发送的要求用户上传两个完整的数据块的去重响应,则可以推断出这两个数据块均为未命中块。更重要的是,如果攻击者构造一个请求去重的数据块对包含一个目标敏感块和一个已知的未命中块,一旦云服务提供商返回的响应要求用户上传这两个块的异或值,攻击者便能即刻获取目标敏感块的存在性隐私。

基于该工作,Pooranian 等在增加少量开销的基础上,实现了更强的云端数据隐私保护。具体来说,当两个请求块中至少有一个被命中时,云端等概率地返回响应值 1 或 2,即要求用户上传这两个块的异或值或者这两个块本身。对于上述攻击请求的构造,这种改进在一定程度上混淆了响应,保证数据存在性隐私,然而这种安全性保证只是将隐私泄露的概率从 100% 下调到 50%。此外他们的工作仍然依赖云端维护的脏块列表数据结构。

随后,Vestergaard 等将去重请求从两个块扩展到任意多个块,提出了一种基于编码的响应混淆方案。他们假设单次去重请求中有 N 个数据块,其中未命中块数量为 m。当未命中块数量大于 1 且小于 N 时,去重响应等概率地取值 m 或 $m+1$,即要求用户上传 m 或 $m+1$ 个由请求块计算得来的线性方程组。特别地,为实现混淆,当未命中块数量为 1 时,响应值为 1 或 2;而当未命中块数量为 N 时,响应值为 N,即要求用户上传 N 个请求块本身。这种响应生成方式保证无论未命中块数量为多少,去重响应都能以最小的开销和相邻的前后两种情况产生混淆。然而,这种方案无法抵抗笔者提出的随机块生成攻击。此外考虑以下场景,请求中包含 N 个数据块,全部为命中块。只要其中 1 块被记录为脏块,请求者就需要全部上传这 N 个数据块。因此,脏块列表机制依然导致了请求中包含脏块时会产生较大开销。

作为后续工作,Ha 等提出了一种基于异或的请求块配对混淆方案。具体来说,云服务提供商接收到用户去重请求后,先判断所有请求块的云端存在性,将所有命中块和所有未命中块分别归类到两个集合中。根据未命中块和命中块的块数比值选择不同的配对方式,从而产生最终响应。当比值等于1,即未命中块数量与命中块数量相当时,两集合中的数据块一一对应,进行配对,用户需要上传这些配对块的异或值。当比值大于1,即未命中块数量较大时,对于一一对应完成后剩余的未命中块,云服务提供商随机挑选已经配对的数据块再次进行配对。当比值小于1,即命中块数量较大时,对于一一配对完成后剩余的命中块,云服务提供商将其自身两两配对。这种响应生成方式能够实现一定程度的混淆,然而包括响应返回的块对数、出现两次异或的数据块数在内的参数在某些结合随机未命中块构造的请求中会泄露目标块的存在性隐私。

因此,在明文的跨用户源端去重技术领域,如何在最小化通信开销的基础上降低侧信道攻击,尤其是随机块生成攻击的安全风险,是接下来研究的主要问题。

1.3.2　密文去重

为了实现密文云数据的去重,需要确保不同用户对同一明文数据可生成相同的密文。针对这一目标,Douceur 等提出了一种新型收敛加密(convergent encryption,CE)机制,以明文数据的内容哈希值作为加密密钥对原数据实行对称加密。这样一来,相同的明文数据,无论由哪一个数据所有者加密,都将生成相同的密文。在这种方式下,每一个数据所有者都可以基于数据内容生成 CE 密钥加密数据以实现去重。然而,CE 这种确定性的规则为攻击者提供了便利,攻击者只要猜对了明文的内容,就可利用哈希算法生成密钥,从而得到相应密文开展去重检测。因此,密文云数据的去重仍然面临侧信道攻击的问题。为了解决这一问题,Kwon 和 Bellare 等依赖独立密钥服务器在加密密钥中引入随机度,避免恶意用户随意发起去重请求。为了避免单点失效的问题,Lin 和 Yu 等基于交互式盲签名技术引入随机度,从而摆脱了对密钥服务器的依赖。Dang 等采用可信处理器在加密过程中引入随机度。Tang 等提出了一种轻量级的随机度引入方法,解决了盲签名技术中通信开销大的问题。然而,以上这些方法仍然没有完全解决密文云数据去重中的侧信道攻击问题,因为攻击者可以通过伪造合法身份获得密钥中的随机度,诸如发起女巫攻击。

作为一种新的途径,Harnik 等通过设置随机阈值的方式去混淆攻击者,由服务器为每个文件单独地生成并保存一个阈值,当该文件的副本数量达到阈值时,再执行云端去重。在这种方式下,即使攻击者通过去重检测,确定所检测的文件发生去重,也只能判断出目标文件的存在性。由于云端存放了多个目标文件的副本,这些副本可能来自不同的用户上传,故攻击者仍然无法确定该目标文件的归属关系。然而,该方法需要依赖一个可信服务器去存储和维护每个文件的副本数量阈值,这在现实中往往是难以保证的。该方案可以很好地保证云存储端目标文件的不存在性隐私,然而,却不能实现存在性隐私保护。一旦攻击者接收到启动重复数据删除工作的信号,其就能立即确定本次上传的检测文件已经在云端存储了。Stanek 等进一步将阈值去重拓展到加密数据的场景,以在抗侧信道攻击的同时实现对数据机密性的保护。他们在阈值去重的基础上,提出了"数据流行度"的概念,认为流行度低的文件需要更强的数据保护机制,反之,流行度高的文件可执行基于客户端的去重。然而,他们的工作仍依赖第三方服务器为云端文件的副本计数。在他们工作的基础上,Zhang 等基于 k-匿名策略实现了不依赖第三方服务器的加密云数据阈值去重。云用户首先基于 CE 技术生成一个 CE 密文,然后对 CE 密文执行二次加密以引入自己的身份相关信息。当同一明文数据对应的正确二次加密密文数量达到阈值 k 时,云端对 k 个密文执行重加密以实现去重。然而在该方法中,二次加密的计算开销需要由用户承担。

从以上相关研究成果来看,当前面向数据层面的去重机制大多还停留在付出大量开销来换取有限的安全性阶段。为了对明文、密文云数据实现抗侧信道攻击的安全去重,往往要求用户付出大量的计算、通信开销。即使如此,针对明文去重中的附加块攻击、密文去重中的女巫攻击等问题,仍没有足够有效的方法,造成随之而来的侧信道攻击问题没有被很好解决。因此,研究云数据去重和侧信道攻击的关系,并通过开销可控的轻量级去重方法实现抗侧信道攻击,将是未来研究的重要问题。

1.4 本书的主要内容和组织结构

研究抗侧信道攻击的云数据安全去重理论和相关技术具有重要意义。本书将重点关注明文数据层面的去重策略,目的是高效地实现数据去重中的抗侧信道攻击。针对明文云数据,本书具体介绍了一系列跨用户源端去重方法。后续章节安排如下:

第 2 章基于响应模糊化的抗附加块攻击云数据安全去重,对敏感块存在于单个数据块的场景进行了深入研究;第 3 章基于请求合并的抗附加块攻击云数据跨用户去重,解决了单个敏感块场景下去重响应中不包含敏感数据的安全问题;第 4 章基于随机块附加策略的明文云数据安全去重,通过请求划分扩大了去重响应的取值范围;第 5 章基于拆分策略的标记去重,降低了 Ha 等工作中的潜在安全风险;第 6 章基于标记混淆策略的抗侧信道攻击云数据去重,通过标记策略降低了下边界响应值的返回概率;第 7 章抗随机块生成攻击的轻量级云数据安全去重,首次提出并定义了随机块生成攻击和统计攻击,并给出了这种更复杂的侧信道攻击的抵抗方案;第 8 章抗侧信道攻击跨用户广义去重和第 9 章基于 Reed-Solomon 编码的广义去重,从广义去重的角度,将请求文件划分为基和偏移量,分别对它们进行源端去重和目标端去重,从而杜绝了侧信道攻击的风险。

  每章(除第 1 章)都通过引言部分介绍现有工作的设计思路和安全隐患,由此引出本章方案重点解决的问题;每章待解决的问题既互有关联又存在轻微差异,由浅入深,环环相扣,以发现问题并解决问题的研究主线串联起 8 章共 8 种去重方案;在具体方案流程之前,每章都首先介绍本章方案涉及的预备知识,给这一领域基础相对薄弱的读者一个过渡过程,保证不同知识储备的读者都能理解本章方案的设计思路和实现流程,并从中学有所获。在每章方案介绍的最后,本书都将介绍各自对应的实验方案构建方法,以及相应的安全验证及评价机制。总体看来,通过本书的介绍,笔者期望能够帮助读者对相关的明文云数据去重背景、意义、方法有较为全面的了解;以本书的撰写为火种,点燃跨用户源端去重领域技术研究的燎原之势,推动学科理论革新、向前发展。

第 2 章

基于响应模糊化的抗附加块攻击云数据安全去重

2.1 引言

正如第 1 章所述,跨用户去重技术虽然在一定程度上可以减少存储空间并降低通信开销,但也引发了云端文件存在性隐私被侧信道攻击窃取的安全风险。在这种场景下,云存储用户会将待检测的文件分割成固定长度的数据块,并生成相应的块指纹,然后上传至云端进行去重检测。云服务提供商一旦收到去重请求,就对请求中的命中块进行比对以确认目标文件,并在返回的去重响应中要求用户上传文件中未命中块。这个过程就构成了一个侧信道,攻击者可以利用去重响应的不同来推断敏感信息是否存在于云端文件中,也可以推断特定文件是否存储在云端,或者尝试建立隐蔽通信信道。为应对跨用户去重存在的侧信道攻击问题,目前的解决方法通常是在去重响应中增加随机冗余信息,使得攻击者无法根据云服务提供商返回的响应来确认检测文件是否在云中真实存在。例如,Zuo 等提出的随机冗余块方案,核心方法是在去重请求中由云服务提供商随机选取一定数量的数据块,并将相关信息返回给用户要求上传。该方法遵循两个基本原则:一是所有未命中块在请求中都需要用户上传,以确保文件能够完整下载;二是云服务提供商要求用户上传指定的命中块,保证去重响应中包含的数据块数量在命中和未命中文件相等,可以有效混淆攻击者。这样一来,攻击者无法通过监测上传数据的网络流量获取敏感信息的存在状态。值得注意的是,该方法假设检测文件的敏感信息均包含在一个数据块之中,剩余数据块均为公开信息。因此,在文件去重检测时,若检测文件在云中已存在,即敏感块被命中,未命中块数量应为 0;相反,若检测文件在云中不存在,即敏感块未被命中,则未命中块数量应为 1。为了混淆攻击者从去重响应中推断所检测文件中敏感块在云端的存在性,针对前一情况,云服务提供商会要求用户在返回的响应中上传一个随机选择的命中块,用以模糊化响应;而对于后一情况,云服务器会自然地要求用户上传未被命中的敏感块,以存储在云端。因此,在这两种情况下,攻击者收到的响应都会要求其上传一个数据块,使其无法通过监测上传网络流量来判断所检测文件的真实存在性。然而,攻击者可能会采取附加块攻击来窃取存在性隐私。攻击者首先在待检测文件中添加随机数量的附加块,这些附加块是随机生成的非重复块,然后将所有数据块的标签信息一起上传到云存储端进行去重检测。显然,无论检测文件是否存在,云服务提供商检测出的未命中块数量都会大于零,且至少等于附加块数量。因此,很难确定文件的真实存在性,进而无法通过响应来混淆攻击者的流量。

除了随机冗余块方案(randomized redundant chunk scheme,RRCS),Harnik 等提出了随机阈值方案(randomized threshold scheme,RTS)。该方案的核心思想是根据目标文件的流行度采取不同的重复数据处理方式。云服务提供商为每个存储在云中的文件生成一个实时更新的副本计数器,用以记录特定目标文件的副本数量。除此之外,云服务提供商还会为每个目标文件从范围 $[2, \theta]$ 上随机选择一个阈值 T,其中 θ 可能是公开参数。用户将待检测文件的标签上传给云服务提供商,若相应标签的目标文件在云端存在,云服务提供商则将该目标文件的计数器值加 1。当计数器值小于阈值时,目标文件被视为冷门文件。在去重响应中,云服务提供商要求用户上传检测文件的全部内容。云服务提供商接收到用户上传的文件内容后,在云端进行去重操作,只保留一份副本以节省存储空间。这一方案在保护目标文件的存在性和不存在性隐私方面都具有一定效果。相反,当云服务提供商发现计数器值超过随机选择的阈值时(标志着目标文件被定义为流行文件),会要求客户端进行去重操作。在这种情况下,云服务提供商会发送阻止用户上传该文件的去重响应。攻击者一旦获得此类去重响应,即可立即推断该检测文件在云端的存在性,这暴露了目标文件的存在性隐私。尽管如此,由于目标文件已成为流行文件,这种情况并不存在安全问题。通过上述分析可知,基于阈值的云数据去重方案的通信开销是所检测文件大小的整数倍。此外,该方案还需要云服务提供商维护所有云端文件的去重阈值和副本数量计数器。鉴于云端存储的文件数量通常很大,这一开销是不可忽视的。

因此,为了解决上述问题并降低云数据去重在附加块攻击下的安全风险,本章介绍了一种基于响应模糊化的抗附加块攻击云数据安全去重方案。该方案首次将附加块数量纳入考虑因素,云服务提供商首先根据一定规则计算待检测文件的附加块数量。然后,将此数量与文件未命中块数量进行比较,并据此确定返回响应中要求用户上传的数据块数。这种做法使得去重响应的生成不再依赖所检测文件的存在性,从而大幅降低了去重响应与文件在云端存在状态的相关性。该方案不仅确保了在附加块攻击场景下文件存在性隐私的安全性,而且所需的计算开销远低于现有的抗附加块攻击去重方案。接下来的内容将详细介绍这一去重方案。

2.2　准备工作

2.2.1　系统模型

  一个通用的跨用户去重模型包含两个实体：云服务提供商和客户端。在这个模型中，客户端的任务是通过重复数据检测来确认待上传文件中是否包含已存在于云端的数据块，并根据响应上传云中不存在的数据块。具体流程如下：云服务提供商首先将目标文件划分为相同长度的数据块，并确保所有敏感信息都位于单个数据块中；接着，客户端按照与云服务提供商约定的块长，将生成的待检测文件同样分割成相同长度的数据块；然后，客户端依次上传数据块的查询标签（通常是相应数据块的加密哈希值）给云服务提供商，以进行去重检测；最后，用户根据云端返回的去重响应来上传相应的数据块。云服务提供商在接收到客户端发来的去重请求后，以整个检测文件为处理单元进行操作。首先，它会查询本地存储的数据块，以确认客户端请求去重的目标文件。接着，根据 2.4 节中详述的策略，统计未命中块数量并计算附加块数量。未命中块数量是通过待检测文件中的数据块标签数量减去云端已命中块数量获得的。而附加块数量则是通过待检测文件中的数据块标签数量减去云端目标文件包含的数据块数量计算得出的。基于这两者之间的关系，云服务提供商生成无差异的响应，并将其返回给客户端。具体地说，如果请求去重的文件中，未命中块数量大于附加块数量，就表明该文件中的敏感块未被命中。在这种情况下，云服务提供商反馈给客户端的去重响应要求上传所有未命中块，其中必定包含敏感块。相反，如果未命中块数量等于附加块数量，可以推断出检测文件中的敏感块已被命中。在这种情况下，云服务提供商在去重响应中要求用户上传全部未命中块以及一个云端随机附加的冗余块，用来模糊化响应。在这两种情况下，云服务提供商要求上传的数据块数量相等，都是附加的未命中块数量再加 1。因此，攻击者无法根据上传流量的差异性获取目标文件的存在性隐私，从而确保了重复数据删除的安全性。在这种方案中，用于混淆攻击者的额外上传冗余块数量仅为 1，相较于 RRCS 降低了大量通信开销。

2.2.2　威胁模型

  在跨用户的云数据去重过程中会产生一个侧信道，客户端用户可以利用侧信道窃取云端中其他用户文件的存在性隐私。具体来讲，攻击者可伪装成合法用户，甚至伪造多重身份，利用目标文件具有低最小熵和可预测的特点生成该文件的所有可能版本，并发送去重请求至云服务提供商。随后,攻击者根据响应中要求上传的数据块来分析确认所猜测的敏感信息是否被命中。如果响应中包含敏感块,攻击者可推断该次请求中敏感块未被命中;反之,若响应中不含敏感块,则表示敏感块已被命中,存在性隐私随即暴露。为防范此类攻击,云端可以采用混淆策略,使得在请求文件被命中和未被命中的情况下用户上传的数据块数量保持一致或在相近范围内,这样可以确保攻击者无法通过上传流量来推断所检测文件的真实存在性。

然而,在附加块攻击场景下,攻击者能够将一定数量随机生成的附加块加入请求去重的文件块中,并一同生成查询标签发送给云服务提供商进行去重检测。这些附加块极有可能在云端并不存在。当云服务提供商返回去重响应时,要求用户上传的数据块数量至少等于攻击者附加的附加块数量。因为云服务提供商无法确认这些附加块的身份,响应会在敏感块被命中和未被命中两种情况下存在差异,从而带来存在性隐私泄露的安全风险。因此,如何保护存在性隐私并抵御复杂的附加块攻击,是当前研究的重点。本章所介绍的基于响应模糊化的抗附加块攻击云数据安全去重方案正是致力于解决这一问题。

2.3 方案框架

该方案拟通过响应模糊化策略,解决跨用户源端云数据去重中的侧信道攻击和附加块攻击问题,所提方案在设计时从安全性和效率两方面来考虑。其中,安全性指的是此方案有效地防止在附加块攻击场景下,攻击者利用侧信道攻击来分析和窃取云端数据的存在性隐私。具体来说,考虑到攻击者已知目标文件中公开块信息的场景,攻击者试图获取目标文件中除公开信息外的剩余敏感信息,因此会对敏感信息内容进行预测,生成所有可能版本的待检测文件,并在请求去重的待检测文件附加指定数量的未命中块,随后将每个数据块的查询标签上传至云端进行去重检测。云服务提供商按照本章介绍的方法生成响应,在响应中要求用户上传一定数量的冗余块以实现响应模糊化,从而消除敏感块在云端不同存在状态下的响应差异性。这意味着无论敏感块被命中还是未被命中,云服务提供商所反馈给客户端的去重响应中,要求上传的数据块数量都是相同的或者在同一范围内,目的是混淆攻击者的判断和保护目标文件的存在性隐私。安全性和效率是评价这种方案性能的两个关键指标。提高安全性必然会在一定程度上降低效率,这种方案通过在响应中添加额外的数据块要求用户上传,并且所有响应中的数据块都需要上传至云端。因此,该方案主要考虑的开销是通信开销,其效率目标是将通信开销控制在最低水平。在此设计目标下,方案框图如图 2.1 所示。

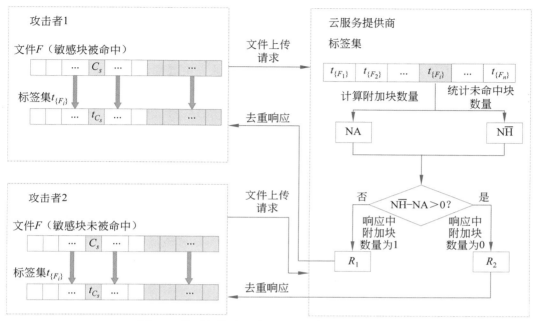

图 2.1　抗附加块攻击的云数据安全去重方案框图

如图 2.1 所示,此方案将整个检测文件作为去重检测的单位,并将每次的检测分块后形成完整的数据文件。因此,云服务提供商可以全面了解请求文件的各部分内容,这使得在返回给用户的去重响应中添加适量的冗余块信息以混淆攻击者变得更加便利。为了简化分析,假设客户端和云服务提供商已经就块长进行了协商,并对各自的文件进行了相应的分块处理,生成了相应的数据块标签。在云端,单个文件对应的所有块标签都被统一存放在一起。在图 2.1 中,所检测文件的公开块及附加块均相等,只有敏感块 C_s 不同。当云服务提供商收到来自攻击者的去重请求时,它会拿这个请求中的标签集与云存储服务器中已有的标签集 $t_{\{F_1\}}, t_{\{F_2\}}, \cdots, t_{\{F_i\}}, \cdots, t_{\{F_n\}}$ 进行对比。查找到匹配所有公开块的标签集 $t_{\{F_i\}}$ 后即可确定目标文件。接下来,将云中存储的目标文件的标签集与检测文件的标签集就内容和数量进行比较,并根据比较结果统计未命中块数量 $N\overline{H}$。另外,通过对比检测文件中标签集包含的元素数量和目标文件标签集中的元素数量之差,可以得到附加块数量 NA。通过对比未命中块数量和附加块数量,云服务提供商可以确定用户上传的检测文件中是否有敏感块被命中。最终,根据比较的结果,会生成不同的响应 R_1 和 R_2。具体来讲,未命中块由两部分组成:第一部分是攻击者添加的随机生成的附加块;第二部分是攻击者猜测错误的未命中敏感块。如果所有的附加块均未被命中,而未命中块数量等于附加块数量,则说明检测文件中敏感块被命中,此时云服务提供商在返回的响应中随机添加一个冗余块并要求用户上传这个冗余块;相反,如果未命中块数量大于附加块数量,则说明检测文件中的敏感块并未被命中。在这种情况下,响应中要求用户上传的数据块数量等于所有未命中块数量,不需要额外添加冗余块。由此可见,在这个方案中无论包含敏感信息的数据块是否被命中,多个攻击者接收到的去重响应中所要求上传的数据块数量都是相同的。同时,通过实现响应模糊化,通信开销最多只包含一个冗余块。总体而言,这个方案的开销是可控的。

2.4 方案流程

考虑到客户端请求去重检测时,用户已将待检测文件分块,并为每个数据块生成了相应的数据块指纹(指纹标识可用作数据块的散列值),随后将这些数据块作为文件上传请求发送至云端,以等待云服务提供商的去重响应,确定最终需要上传哪些数据块。在这个场景下,假设去重查询请求对应的文件为 F,该文件包含 N 个数据块 $C_1,C_2,\cdots,C_N$ 以及 N' 个附加块 $A_1,A_2,\cdots,A_{N'}$。其中,N 个数据块中包含 $N-1$ 个公开块,所有公开块均为命中块。剩余的 1 个数据块包含敏感信息,为敏感块。敏感块可能被命中,也可能未被命中。此外,所有的附加块均为随机生成的未命中块。

云服务提供商接收到新的去重请求后,按照以下步骤来查询本地标签集,检测并计算未命中块数量与附加块数量,然后根据结果生成响应并返回给用户。

(1)在云存储中以文件对应的数据块标签集为单位查询这 $N+N'$ 个请求块的标签信息。显然,如果该去重请求中的敏感块在云端被命中,则云服务提供商可查询到 N 个命中块;否则,只能查询到 $N-1$ 个命中块。记命中块数量为 H,未命中块数量 $N\overline{H}$ 可由式(2-1)计算:

$$N\overline{H} = N + N' - H \tag{2-1}$$

根据以上分析可知,在一般攻击场景中,即没有附加块的情况下,$N'=0$,未命中块数量 $N\overline{H}=N-H$ 的取值为 1 或 0。前者表示敏感块未被命中,后者则表示敏感块被命中。在附加块攻击的场景下,$N'\neq0$,附加块均为随机生成的未命中块,因此未命中块数量 $N\overline{H}$ 的取值至少为 N'。

(2)云服务提供商观察查询到的公开块对应的目标文件标签集,记该目标文件标签集中元素个数为 L,则附加块数量 NA 可由式(2-2)计算:

$$NA = N + N' - L \tag{2-2}$$

显然,附加块数量等于检测文件的数据块总数减去云端存储的目标文件数据块总数。

在一般场景下,用户没有在请求去重检测的文件中附加指定数量的未命中块,即 $N'=0$。如果请求去重检测的文件在云端存在,则其对应的文件长度 N 等于云端存储的目标文件长度 L。而在附加块攻击的场景下,$N'\neq 0$,可通过式(2-2)计算出附加块数量 N' 的真实值。

(3)比较观察统计出的未命中块数量 $\mathrm{N\overline{H}}$ 和计算得出的附加块数量 NA,按照表2.1确定模糊化响应中应包含的数据块数量,生成去重响应返回给用户。

表 2.1　去重响应生成方法

未命中块数量和附加块数量的关系	响应中包含的数据块数量
$\mathrm{N\overline{H}-NA}=0$	$\mathrm{N\overline{H}}+1$
$\mathrm{N\overline{H}-NA}=1$	$\mathrm{N\overline{H}}$

根据以上分析可得,未命中块数量 NH 的取值为 N' 或 $N'+1$,即附加块数量和附加块数量加上未命中敏感块数量。其中,附加块数量 NA 实际上等于 N',因此,表2.1中 $\mathrm{N\overline{H}-NA}$ 的值为 0 或 1。当 $\mathrm{N\overline{H}-NA}=0$ 时,表示在检测文件中敏感块与公开块均被命中,只有附加块未被命中,即请求去重检测的文件去掉附加块后对应的原始文件在云端存在。在这种情况下,保护目标文件存在性隐私。当 $\mathrm{N\overline{H}-NA}=1$ 时,说明检测文件中除了 N' 个附加块,原请求去重文件包含的 1 个敏感块也未被命中,即请求去重检测的文件去掉附加块后对应的原文件在云端不存在。此时云服务提供商生成的响应只需包含 $\mathrm{N\overline{H}}$ 个未命中块。值得注意的是,这里的未命中块数量 $\mathrm{N\overline{H}}$ 等于上一种情况下敏感块被命中时对应的未命中块数量加 1。在 $\mathrm{N\overline{H}-NA}=1$ 的情况下,未命中块数量等于附加块数量加 1;而在 $\mathrm{N\overline{H}-NA}=0$ 的情况下,未命中块数量等于附加块数量。两种情况下附加块数量相等,因此 $\mathrm{N\overline{H}-NA}=0$ 的情况总的未命中块数量要比 $\mathrm{N\overline{H}-NA}=1$ 的情况少 1。所以,经过以上操作,这两种情况下在响应中要求用户上传的数据块数量是相同的。通过响应模糊化,该方案降低了去重检测响应与云端文件存在状态之间的相关性,使得攻击者无法通过监控上传流量来判断目标文件的敏感块在云端的存在状态,从而确保了云存储端目标文件的存在性隐私安全。这种基于响应模糊化的抗附加块攻击云数据安全去重方案不仅可以抵抗一般情况下的侧信道攻击,还可以同时抵抗更为复杂的附加块攻击,是当前去重技术的一个重要突破。

基于响应模糊化的抗附加块攻击云数据安全去重方案的流程伪代码如下:

输入:文件 F 的数据块及其附加块的标识信息 $t_1, t_2, \ldots, t_{N+N'}$。
输出:响应中包含的数据块对应的标识信息。
1:在云存储中查询这 $N+N'$ 个块的标识信息
2:统计命中块数量 H,计算未命中块数量 $N\bar{H}=N+N'-H$
3:在云存储中查找 H 个命中块对应的文件,统计其数据块数量 L
4:计算附加块数量 $NA=N+N'-L$
5:if $N\bar{H}-NA=0$ then
6:   return $N\bar{H}$ 个未命中块对应的标识 $\{t\}_{N\bar{H}}$ 和 1 个命中块标识
7:else if $N\bar{H}-NA=1$ then
8:   return $N\bar{H}$ 个未命中块对应的标识 $\{t\}_{N\bar{H}}$
9:end if

2.5 安全性分析

　　首先,本节从理论层面分析并探讨此方案在处理附加块攻击时给云端存储数据所带来的侧信道攻击和附加块攻击风险。接着,本节将验证此方案能够有效地保护云数据的存在性隐私,在源端跨用户云数据去重的过程中提供保障。这个验证是关键的,因为在这种场景下,数据可能会受到不同用户间去重处理的影响,存在性隐私保护变得至关重要。然后,证明此方案能够有效实现附加块攻击场景下云数据存在性隐私的保护。最后,将此方案与云安全去重领域中最新方案进行比较,重点评估在无附加块的常规攻击场景和带有附加块的复杂攻击场景下对存在性隐私泄露的风险,从而证明该方案在安全性上的优势。

　　如图 2.1 所示,在此方案考虑的场景中,云端存储了同一目标文件的数据块标签集。如果目标文件已存在于云端,也就是说目标文件的标签集已经存储在云端,那么云存储中的标签集中所包含的标签数量即代表了数据块的数量。对于静态文件而言,文件长度是一个固定属性,不会发生改变。因此,按照式(2-2)来计算附加块数量是可行的。在附加块攻击的情况下,攻击者为了迷惑云服务提供商,在检测文件中额外添加的数据块都是随机生成的未命中块。因此,云端检测到的未命中块中一定会包含所有的附加块,而剩余部分可能是未命中敏感块。由于此方案假定每个待检测文件的所有敏感信息均存储在一个数据块中,因此,未命中敏感块的数量取值只能为 0 或 1。综上所述,对于一个检测文件来说,未命中块的数量 $N\bar{H}$ 与附加块数量 NA 之间的差值只能是 0 或 1。当差值为 0 时,表明敏感块被命中,而差值为 1 时,表明敏感块未被命中。在这种情况下,无论敏感块是否被命中,云服务提供商返回的响应都要求用户上传相同数量的数据块。因此,攻击者无法根据响应来判断所检测文件在云端的真实存在性。这种响应方式保证了云端数据的存在性隐私。

本节将选取云数据安全去重领域中较新的研究成果,包括 RRCS 和 RTS 作为比较对象,以评估此方案在侧信道攻击和附加块攻击场景下的安全性。本节将使用文件存在性隐私泄露的概率来衡量各方案的安全性。在没有附加块攻击的情况下,所有 $N-1$ 个公开块都是已经在云端存储的命中块,只有 1 个敏感块可能被命中,也可能未被命中。根据此方案,如果敏感块未被命中,非重复块数量 $N\bar{H}$ 为 1,附加块数量 NA 为 0。这满足了条件 $N\bar{H}-NA=1$。根据响应表 2.1,云服务提供商会在去重响应中要求客户端上传 1 个数据块,这个数据块即为未命中敏感块。反之,如果敏感块被命中,未命中块数量为 0,附加块数量为 0。这也满足了条件 $N\bar{H}-NA=0$。根据响应表 2.1,此时的去重响应同样会要求客户端上传 1 个数据块,这个数据块是由云服务提供商随机选定的命中块,旨在混淆攻击者。由此可见,在此方案中云服务提供商在去重响应中要求用户上传的数据块数量始终为 1,无论敏感块是否被检测出,从而将存在性隐私泄露概率降至零。相较之下,RRCS 为了实现响应模糊化,在文件被完全命中和不完全命中两种情况下,会在不同的范围内选取相应数量的冗余块要求用户上传。当敏感块被命中时,由于不存在未命中块,云服务提供商会在区间 $[1,\lambda N+1]$ 上随机选择一个数值 R 作为响应中要求用户上传的冗余块数量;相反,当敏感块未被命中时,云服务提供商则要求用户上传一个敏感块。在这种情况下,云服务提供商将会从所有命中块中选取 R 个冗余块添加到去重响应中要求用户上传,此时会在区间 $[0,\lambda N]$ 上随机选择一个数值 R。这样设计能确保无论敏感块是否被命中,去重响应中最终要求用户上传的文件块数量都均匀分布于相同区间 $[1,\lambda N+1]$ 上。此处的参数 $\lambda\in(0,1)$ 用于平衡方案的安全性和通信开销。因此,云端返回的去重响应与目标文件存在性的相关性大大降低,攻击者根据响应中要求上传的数据块数量难以判断所检测文件的真实存在性,在此场景下,文件存在性隐私泄露的概率同样为 0。而对于 RTS 来说,云服务提供商为每个文件随机生成阈值 T,并利用计数器来记录云端存储的文件副本数量。当云端副本数量小于 T 时,执行云端重复数据删除操作,即云端返回的响应要求用户上传检测文件的所有数据块,此时攻击者无法判断所检测文件的云端存在性;一旦云端副本数量达到 T,执行源端重复数据删除操作,即云端返回的响应要求用户上传所有未命中块,此时文件存在性隐私立即泄露。

在附加块攻击场景下,由于此方案构建在无需云端检测出待检文件真实存在性的基础上,因此与上述情形相似。无论文件是被命中还是未被命中,所需上传的数据块数量均为 $N'+1$,其中 N' 为攻击者随机生成的未命中附加块数量。攻击者无法通过响应中要求上传的数据块数量来推断敏感块在云端的存在状态,因此文件存在性隐私泄露的概率仍然为 0。如果数量在范围边界处取值,目标文件的存在性隐私将面临泄露的风险。具体而言,假设一个文件的敏感块有 m 个可能版本,在检测所有 m 个版本的文件时,若有一个请求文件的响应要求用户上传的文件块数量为 N',则立即可知该文件的敏感块已被命中,即目标文件的存在性隐私泄露。此外,对于 $m-1$ 个不完全相同的请求检测文件,如果云服务提供商要求上传的文件块数量均为 $\lambda(N+N')+N'+1$,则可知这 $m-1$ 个文件的敏感块均未被命中。显然,对于该目标文件,在剩下的一个版本检测文件中,敏感块必然被命中,存在性隐私同样泄露。对于 RTS 而言,类似于一般情况下的侧信道攻击,当云端敏感块及附加块副本数量小于 T 时,敏感块存在性隐私泄露风险为 0;一旦数量达到 T,则存在性隐私立即泄露。三种方案的安全性比较结果见表 2.2。

表 2.2　本章方案、RRCS 和 RTS 的存在性隐私泄露风险比较

攻击类型	本章方案	RRCS	RTS（副本数量小于 T）	RTS（副本数量大于 T）
无附加块攻击	0	0	0	1
附加块攻击	0	$\dfrac{1}{\lambda(N+N')+1}+\dfrac{1}{(\lambda(N+N')+1)^{m-1}}$	0	1

2.6　性能评估

通过实验评估此方案的性能。实验选用亚马逊 EC2(elastic compute cloud,弹性计算云)来部署源端跨用户云数据去重系统的云端程序,并在云上建立去重响应机制。同时,选用配置为 Intel Core i5-4590 CPU@3.3 GHz、8GB RAM 和 7200 RPM 1TB 硬盘的服务器来部署云用户客户端程序。在三个公开数据集 Fslhomes、MacOS 和 Onefull 上进行性能开销比较。Fslhomes 数据集由纽约州立大学石溪分校的文件系统和存储实验室创建,其中包含虚拟机图片、Word 文档、程序源代码等;MacOS 数据集收集了一台 MacOS X 企业级服务器上的数据内容,该服务器能够为 247 名用户提供电子邮件、数据库等服务;Onefull 数据集则收集了国内一个实验室 15 台学生计算机上的数据信息。据统计,这 3 个数据集的平均文件大小分别为 1530 KB、683 KB 和 622 KB,数据跨用户冗余率分别为 39%、48% 和 25%。在比较中,前两种方案均采用响应模糊化的方法混淆攻击者,所需开销均为用户上传额外要求的冗余块的通信开销;而 RTS 则采用设置阈值的方法,所需开销涉及上传与阈值相关的冗余文件。因此,通过比较流量开销来评估这三种方案的性能,即比较它们在确保各自安全性的前提下,在云服务提供商与客户端之间产生

的额外流量开销。相比之下,在 RRCS 中,云服务提供商要求用户对命中文件和未命中文件上传的数据块数量分别从 $[N',\lambda(N+N')+N']$ 和 $[N'+1,\lambda(N+N')+N'+1]$ 中随机选择。

2.6.1 无附加块攻击场景

该数据集存放在已部署跨用户去重系统的云平台上。在性能评估部分,首先考虑了无附加块攻击场景下的情况,在这种情况下,对单个文件进行多次检测,以获取在云用户和云存储系统之间所产生的实际通信流量。为了进行比较的统一性,本节假设目标文件已经存储在云端。用户请求进行重复数据删除的待检测文件中,公开信息均相同且与目标文件一致,只有敏感信息可能存在不同,即未命中块的数量为 1 或 0。在 RRCS 中,对于命中文件和未命中文件,要求用户上传的数据块数量在相同范围内产生。而在本章所阐述的方案中,无论文件是否被命中,都要求用户上传的块数相同,因此在这里不对文件的被命中与否做区分。为了保持比较的一致性,对 RTS 机制进行了轻微修改,使其从文件级阈值去重变为数据块级阈值去重。在 Fslhomes、MacOS 和 Onefull 这三个数据集中,分别随机选取 100 个文件,计算了三种方案在无附加块攻击场景下进行单个文件检测的平均流量开销。根据图 2.2 的实验结果可看出:对于这三个数据集而言,RRCS 无论检测的文件是否被命中,云服务提供商要求用户上传的数据块数量都在 $[1,\lambda N+1]$ 上随机产生,符合均匀分布。而本章方案始终要求用户上传的数据块数量为 1。因此,在单个文件的 100 次检测中,RRCS 的流量开销呈现出波动变化,明显高于本章方法。RTS 在文件检测次数小于阈值 T 时,流量开销为 1 个敏感块的长度。这与本章方案相同,因为此时无论检测的是哪个文件,云端均要求用户上传 1 个敏感块。然而,当文件检测次数大于或等于阈值时,RTS 的流量开销与所检测文件的敏感块存在性相关。对于一个未命中文件而言,云端仍然要求用户上传 1 个敏感块,但对于命中文件,后续的流量开销为 0。因此,当检测文件次数达到阈值后,RTS 的流量开销能够体现为期望值。由于这三个数据集的数据冗余率分别为 39%、48% 和 25%,因此可以明显看出,检测文件次数达到阈值后,RTS 的流量开销略小于本章方案。RTS 的流量开销在冗余率最高的 MacOS 数据集上达到最小值,约为 0.0259 MB,在冗余率最低的 Onefull 数据集上达到最大值,约为 0.0374MB。

接下来验证不同数量文件上传请求下,云用户和云存储系统之间所产生的实际通信流量开销。考虑请求检测的文件数量控制在 $1\sim 100$,每次请求随机选取文件。对于 RRCS,其响应是随机生成的,用户需要上传响应中指定数量的数据块。在 Fslhomes、MacOS 和 Onefull 这三个数据集上分别随机选取 100 个文件,计算三种方案在无附加块

27

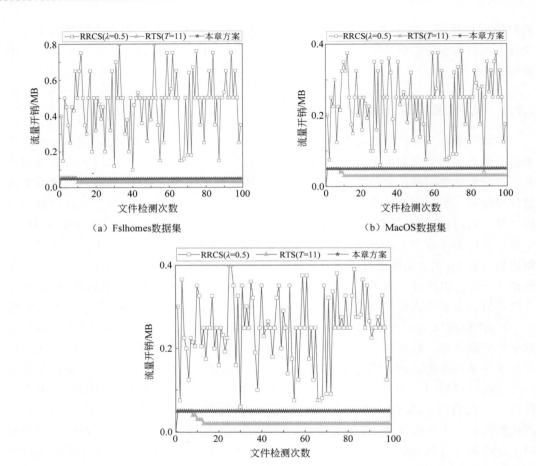

（a）Fslhomes数据集 　　　　　　　　　　（b）MacOS数据集

（c）Onefull数据集

图 2.2　在无附加块攻击场景下单个文件检测的流量开销

攻击场景下检测不同数量文件的流量开销,实验结果如图 2.3 所示。从图 2.3 可以明显看出,本章方案对于命中文件和未命中文件所需上传的数据块数量都为 1,因此随着请求检测文件数量的增加,产生的流量开销呈线性增长。作为比较,RTS 的流量开销也近似线性增加,且略低于本章方案的开销,这与图 2.2 的结果相符。MacOS 数据集冗余率最高,因此 RTS 在该数据集上的流量开销最小;相反,Onefull 数据集的冗余率最低,因此 RTS 在该数据集上的流量开销最大。由于 RRCS 对于敏感块被命中和未被命中的情况都需在$[1, \lambda N + 1]$上随机选取块数,因此在测得的数据集中,其流量开销始终大于或等于本章方案和 RTS。随着请求检测文件数量的增加,多个文件对应的上传块累积起来,三种方案之间的差异更加显著。

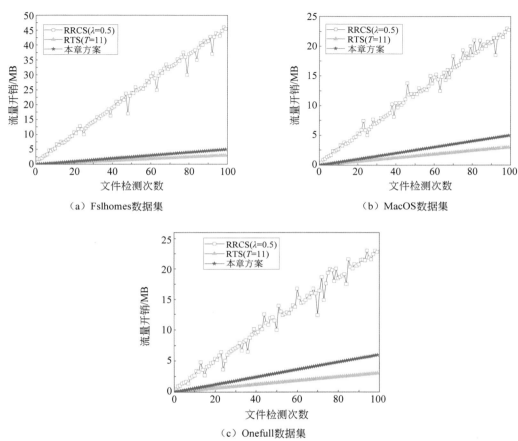

（a）Fslhomes数据集　　　　　　　　（b）MacOS数据集

（c）Onefull数据集

图 2.3　在无附加块攻击场景下不同数量文件检测的流量开销

2.6.2　附加块攻击场景

接下来,考虑检测文件均被附加了 N' 个随机生成的未命中块的情况。在此场景下,对于 RRCS 来说,若检测文件为命中文件,则云服务提供商要求用户上传的文件块数在 $[N',\lambda(N+N')+N']$ 上随机选取,符合均匀分布。如果检测文件为未命中文件,则 RRCS 需要上传的文件块数在 $[N'+1,\lambda(N+N')+N'+1]$ 上随机选取,同样符合均匀分布。而在本章方案中,两种情况下需要上传的文件块数均为 $N'+1$。选取附加块数量 N' 为5,首先比较单个文件检测的流量开销,实验结果如图 2.4 所示。

从图 2.4 可以看出,在单个文件检测场景下,RRCS 在命中文件和未命中文件时实际

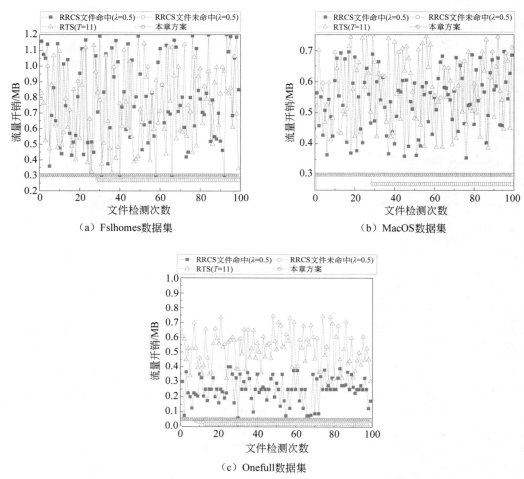

（a）Fslhomes数据集　　　　　　　　（b）MacOS数据集

（c）Onefull数据集

图 2.4　在附加块攻击场景下单个文件检测的流量开销

产生的流量开销范围是不同的。对于未命中文件,流量开销的下限约为 0.35 MB,明显高于本章方案和 RTS。然而,对于命中文件,RRCS 的流量开销下限和本章方案相当,但达到下限的次数很少。在对三个数据集进行 100 次目标文件的检测中,当检测文件被命中时,RRCS 只有 5、13、10 次达到下限,其余情况均高于本章方案的流量开销。与之前的无附加块攻击场景相似,RTS 在附加块攻击场景下的流量开销也略低于本章方案。

　　然后比较在附加块攻击场景下不同数量文件检测的流量开销,实验结果与在无附加块攻击场景下相似。如图 2.4 所示,无论检测文件是否被命中,RRCS 单个文件检测的流量开销都大于或等于本章方案的流量开销。因此,在此处本节仅选择了随机命中文件和未命中文件进行测试。实验结果如图 2.5 所示。

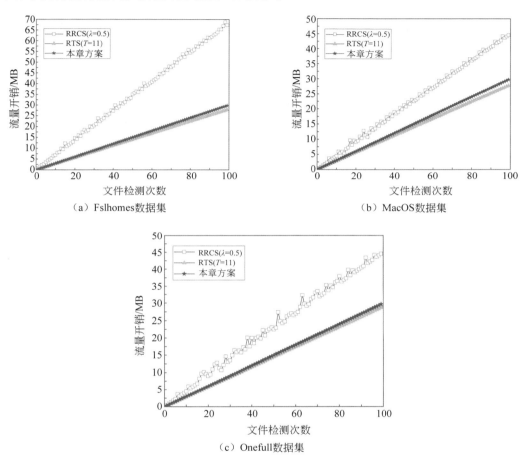

（a）Fslhomes 数据集

（b）MacOS 数据集

（c）Onefull 数据集

图 2.5　在附加块攻击场景下不同数量文件检测的流量开销

从图 2.5 可以看出,由于本章方案在附加块攻击场景下,对命中文件和未命中文件,所需上传的数据块数量均为 $N'+1$,因此流量开销随着请求检测文件数量的增加而线性增加;流量开销与 RTS 流量开销的差距随着请求检测文件数量的增加而逐渐缩小。而对于 RRCS,其所需块数在两种场景下分别在区间 $[N', \lambda(N+N')+N']$ 和 $[N'+1, \lambda(N+N')+N'+1]$ 上随机选取,均大于或等于本章方案。随着请求检测文件数量的增加,多个文件对应的上传块累积起来,RRCS 与本章方案之间差异更加显著。

综上所述,与 RRCS 相比,本章方案在确保安全性的前提下,所需的流量开销明显小于 RRCS;而与 RTS 相比,在流量开销相当或少量增加的情况下,本章方案安全性显著提高;且性能优势随着请求检测文件数量的增加而越加明显。因此,本章方案在确保云端目标文件存在性隐私安全的前提下,只需较低的流量开销。

2.7 本章小结

本章介绍了基于响应模糊化的抗附加块攻击云数据安全去重方案的设计原理和流程,并对其开展了安全性分析和性能评估。安全性分析和实验结果表明,相比于该领域的最新方案,例如 RRCS 和 RTS,本章方案能够在实现更高的安全性的同时只需要更低的开销,或是在开销相当或少量增加的情况下显著提高安全性。该性能优势随着检测文件数量的增加而越加明显。

第 3 章
基于请求合并的抗附加块攻击云数据跨用户去重

3.1 引言

如前文所述,在客户端的跨用户数据去重中,存在侧信道攻击的风险,这种攻击会泄露敏感文件在云端的存在性隐私。具体来讲,在跨用户去重的场景下,数据在传输到云端之前,用户首先使用哈希函数为其生成标签,并将其发送到云端以验证存在性。云端基于确定性响应的检测结果不可避免地会产生一个侧信道,攻击者可以利用这个侧信道判断特定请求去重的目标文件是否已存储在云端。由此产生的侧信道攻击也可以认为是数量为 0 的附加块攻击,对低最小熵文件尤其有效。

目前有方案尝试解决这一问题,例如:Harnik 等提出了随机阈值方案来应对跨用户去重场景下的侧信道攻击;Lee 等在此基础上改进了随机化算法,进一步降低了隐私泄露的概率;Armknecht 等提出了一种在安全性和效率之间取得平衡的标准,用于对云存储中数据去重的侧信道攻击进行建模,使得云服务提供商可以根据某种概率分布选择阈值。然而,这些基于阈值的文件去重方案存在一些问题:它们需要上传大量冗余数据,导致客户端带宽的浪费;而且一旦在云端存储的副本数量超过阈值,文件的存在性隐私就会立即泄露,难以抵御侧信道攻击。此外,云服务提供商还需要额外的空间来存储每个文件设置的阈值和副本计数器,增加了新的开销。

此外,还有其他方案尝试解决这一问题。例如:采用数据分块技术来提高效率,降低客户端的上传开销;并在块级别上引入流量混淆技术以实现响应模糊化,提升多用户重复数据删除场景下的安全性。通过这些方案,云服务提供商能够在响应中引入冗余信息,例如附加随机噪声,来迷惑攻击者。这样无论敏感块是否存在,云端的响应都将保持一致,或者在同一个范围内变化。这样可以提高安全性,使得攻击者难以得知敏感块的存在性。在这一思路下,Zuo 等构建了一种威胁模型。在这个模型中,攻击者已知云存储中某个目标文件的所有公开内容,并试图推断出剩余的敏感部分。这些敏感部分通常具有低熵、可预测的特点。在这种情况下,假定敏感信息包含在单个文件块中,无论敏感块是否被命中,Zuo 等提出的随机冗余块方案确保每个文件的去重响应要求用户上传的文件块数量范围保持一致。这样一来,攻击者无法从中获取到关于敏感信息存在性的差异性线索。基于 Zuo 等的工作,Yu 等设计了另一种去重方案,该方案通过对相邻数据块进行成对检查,并将结果合并成单个响应单元返回,来混淆数据块的存在性。此外,为了避免攻击者反复对特定数据块进行去重检查而不上传,从而推断其他配对检测数据块的存在性,方案要求云端维护一个脏块列表。该列表将检查存在性但尚未完成上传的数据块记录在内。在后续的存在性检查中,只要两个数据块中的任意一个被记录在脏块列表中,云端就会要求用户上传全部的两个数据块。尽管这种方案可以防止针对特定目标块的统计攻击,但不可避免地增加了通信开销,并引入了额外的存储和管理成本。类似地,Pooranian 等也提出了一种相邻数据块配对检测方案。与前述方案不同的是,在需要用户上传两个数据块异或值的情况下,云服务提供商将随机要求用户上传异或值或两个数据块本身,通过引入额外开销实现更高的安全性。尽管在某些方面这些方案是有效的,但它们仍然存在以下问题。

(1) Zuo 等提出的方案只能确保每次去重响应中包含的文件块数量在同一范围内,但未考虑具体的敏感块是否被要求上传,更无法定位其具体位置。现有的基于流量混淆的方案都存在类似的问题。

(2) 为了实现响应的模糊化,这些方案需要大量的冗余块,以换取通信开销来提高安全性。然而,响应中是否包含命中的敏感块仍然是一个随机事件,因此只能以一定的概率保证安全性。假设攻击者关注的敏感块已经存储在云端,在进行去重检测后,云存储端会增加一些随机命中块来混淆攻击者,但这些随机命中块无法确保包含真正的敏感块。一旦攻击者发现敏感块没有被要求上传,便可能推断出敏感块已经被命中,从而成功揭示目标文件的存在性隐私。

(3) 这些方案无法有效对抗附加块攻击。在这种更为复杂的攻击方式中,攻击者会在请求文件时附加随机数量的随机生成的未命中块。在这种情况下,即使敏感块被隐藏在未命中块中,由于现有的基于单独请求的策略无法为云端提供足够的信息来区分敏感块和附加块,因此无法精确定位敏感块的确切位置,更无法确保去重响应中包含敏感块。

为了解决上面这些问题,本章将介绍一种基于请求合并的去重方案(request merging based deduplication scheme,RMDS)。该方案旨在对抗针对跨用户去重的附加块攻击,以确保去重响应中始终包含敏感块的信息,并要求用户上传,同时使用户无法通过响应的差异来判断敏感块的存在性。其目标是在最小化通信开销的前提下,保护敏感文件的存在性隐私。此外,RMDS引入了跨用户请求的分组机制和具体的合并规则,以便在附加块攻击的场景下准确确定敏感块的位置。通过在真实数据集下开展实验,对 RMDS 的效率和安全性进行了进一步评估。理论分析和实验结果共同证明,RMDS 只需较小的开销就能够充分抵御一般情况下的侧信道攻击以及更为复杂的附加块攻击。这个方案是首个在附加块攻击下实现无差异响应,并确保响应包含敏感块信息的去重方案。接下来将详细介绍 RMDS 的具体细节。

3.2　准备工作

3.2.1　系统模型

跨用户去重模型包含两个实体:云服务提供商和客户端。在跨用户的云存储场景下,重复数据删除的过程如下:客户端用户首先会探测特定目标文件在云端的存在性,这个目标文件包含了一小部分低熵的敏感信息,而其余信息是公开的。在收到去重响应后,客户端用户只需要上传响应中要求的未命中部分。具体操作如下:

首先,为了简化分析,假设云服务提供商首先将目标文件均匀地切分成相同长度的数据块,并通过精确计算确保所有敏感信息都位于单个数据块中。

然后,客户端用户为其请求去重文件的每个数据块计算相应的数据块标签(例如使用散列函数生成块标签),然后将这些标签发送给云服务提供商,作为去重请求。基于数据块的命中情况,云服务提供商采用了在 3.4 节介绍的请求合并规则,生成一个确定包含敏感块信息的无差异响应。

最后,客户端用户根据响应的要求上传相应的信息。在云端,文件以数据块的形式存储,每个数据块包含一个数据域和一个指向所有数据块全局异或值地址的指针。此外,云服务提供商为每个存储的文件设定了一个实时更新的计数器,用于记录单位时间内的请求量。

3.2.2　威胁模型

威胁首先来自系统内部的攻击者,他们利用侧信道攻击来窃取其他云用户的敏感文件。攻击者可能会伪装成正常用户,甚至伪造多个用户身份来发起去重请求,然后根据响应中要求上传的数据块来确定目标文件中敏感信息的存在性。如果某文件块包含在响应中,攻击者便能知晓此文件块为未命中块;反之,如果某文件块未在响应中,攻击者即确定其为命中块,导致存在性隐私立即泄露。在这种场景下,如果敏感块未被命中,云服务提供商不难定位到其位置,并将其包含在响应中要求用户上传。然而,若敏感块被命中,则云服务提供商无法从已命中的公开块中区分敏感块,因此无法确保去重响应中一定包含敏感块。所以,在侧信道攻击下,安全性无法被充分保证。

在附加块攻击的场景中,攻击者通过附加一个或多个随机生成的数据块来构建新的去重请求。这些数据块在云端几乎不会被命中,因其被命中的概率非常低,可以近乎忽略不计。因此,云端无法准确定位敏感块,也就无法在响应中确保包含敏感块。

3.3 方案框架

由上所述,对于针对同一个目标文件的去重请求而言,云服务提供商无法从中定位出敏感块的位置,因此即使能在响应要求上传的数据块数量上实现混淆,一旦响应要求上传的数据块中没有包含敏感块,存在性隐私仍然会泄露。而在附加块攻击的场景下,云服务提供商甚至无法在块数上实现混淆,上述问题仍然存在。RMDS 通过比较针对同一目标文件的海量去重请求,来解决无附加块攻击和有附加块攻击场景下的问题,从而实现抗侧信道攻击的安全去重。

具体地,在 Yu 等工作的启发下,首先考虑针对同一个确定目标文件的两次请求。在基于客户端的块级跨用户去重场景下,假定所有公开块都已存储于云端。两个请求中,对应的敏感块分别记为 S_1、S_2。显然,未命中块数量只能是 1 或 0,分别对应敏感块未被命中和敏感块被命中两种情况。假设敏感块 S_1 在云端不存在,那么无论 S_2 是否存在,它的位置都可以通过比较两个请求的公开块被确定。因此,云服务提供商可以在每个请求的响应中均只要求用户上传 1 个敏感块。这个简单解决方案如表 3.1 所示。

表 3.1 简单解决方案

文件 1 S_1 的存在状态	文件 2 S_2 的存在状态	响应中要求的块数量	
		文件 1	文件 2
0	0	1	1
0	1	1	1
1	0	1	1
1	1	1	1

然而,这种简单解决方案能够实现安全性的前提是,针对同一目标文件的去重请求中,至少有一个包含未命中敏感块。在上述场景下,如果 S_1、S_2 都是命中块,则云服务提

供商无法将它们与命中的公开块区分开,因此仍然不能确定哪个数据块应该被包含在响应中要求上传。在这种情况下,云服务提供商只能在请求去重的文件中随机地选择一个文件块返回给客户端要求上传。这个文件块可能是公开块,也可能是敏感块。如果是公开块,将不可避免地导致存在性隐私泄露。即一旦攻击者收到云端反馈的未包含敏感块的响应,便能立即确定本次去重请求中敏感块被命中,进而获取目标文件的存在性隐私。在附加块攻击的场景下,攻击者将一定数量的未命中块附加到去重请求中。此时,即使 S_1 或 S_2 没有存储在云端,云服务提供商也无法从请求去重的数据块中区分出敏感块。因为如果敏感块被命中,其和命中的公开块难以区分。如果敏感块未被命中,其和未命中的附加块同样难以区分。因此,攻击者无法确保在响应中能够包含敏感块要求用户上传。故而这种基于合并两个请求的简单解决方案在 3.3.2 节的威胁模型下,无法实现存在性隐私的保护。

　　基于此,笔者提出一种基于请求合并的云数据跨用户去重框架,在针对同一目标文件的海量去重请求中采用适当的请求匹配规则寻求实现请求合并,然后生成一个混淆的响应。具体地,在一个完整的基于请求合并的跨用户重复数据删除过程中,首先分别根据目标文件的内容和附加块数量将去重请求分类,将针对同一个目标文件且附加块数量相同的去重请求归为一类。对于没有附加块的去重请求,仍然假定请求中只有一个敏感块,则无论敏感块是否被命中,云服务提供商在响应中都只要求上传请求中包含的所有数据块的异或值,而不是上传某个敏感块本身。若敏感块被命中,则上传的异或值为额外的冗余块,用来混淆攻击者,实现响应的模糊化;若敏感块未被命中,则上传的异或值被用来在云端准确恢复出未命中敏感块的内容。由于两种情况下云服务提供商在去重响应中要求用户上传的数据块数量和内容均相同,因此攻击者无法通过响应判断敏感块是否被命中,进而可以得出结论:基于请求合并的云数据跨用户去重框架可以有效支持一套基于数据块异或的安全策略,完全实现在一般侧信道攻击情况(即附加块数量为 0)下的文件存在性隐私安全。

　　除此以外,此框架同时也支持一套面向附加块攻击的安全机制,可有效实现在含附加块的去重请求下的安全性。RMDS 的实现框架如图 3.1 所示,用户生成并发送的去重请求到达云端后,被按顺序暂时存储在缓存模块中。对每一个针对特定目标文件的去重请求而言,其包含三种类型的数据块,分别是云端确定存在的公开块、云端可能存在的敏感块和云端一定不存在的附加块。其中,公开块的数量不定,在图中统一记为 P。请求去重的文件和云端对应的目标文件拥有相同的公开块。敏感块的数量为 1,其可能被命中也可能未被命中。附加块可以有也可以没有,其数量可为任意个。对于一个确定的请求,其中每个文件块标签都要和存储在云中的数据块标签比较,由于公开块的存在,无论敏感块在云中是否被命中,目标文件都可以被锁定。确定目标文件后,针对该目标文件的请求计数器加 1。一旦在单位时间内计数器的值达到阈值 θ,该目标文件就会被视为流行文件并对相应的去重请求返回响应开展客户端去重。否则,其将被认为是冷门文件,并在去重响应中要求用户上传其请求去重的整个文件。通过与阈值去重机制的结合,一方面可进一步提高安全性;另一方面,可通过阈值的设置,确保开展去重时,针对同一目标文件的请求版本数量至少达到敏感块可能版本数量的两倍,为实现有效的请求合并提供条件。Harnik 等提出的随机阈值方案在之前的章节中有详细阐述,这里不再赘述。

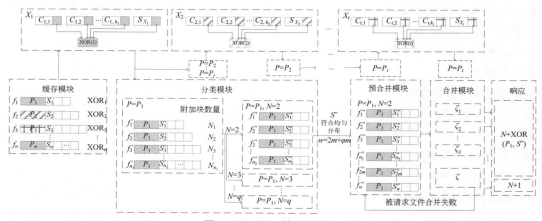

图 3.1　RMDS 的实现框架

如图 3.1 所示,对于针对某一确定流行文件的去重请求 $f_j(j\in[1,n])$,云服务提供商计算请求中所有命中块的标签所对应的数据块的异或值 XOR_j,将它与云端存储的相应目标文件的全局异或值 XOR 比较。如果 $XOR_j = XOR$,则云服务提供商可判定相应去重请求中的敏感块在云端被命中。此时,去重请求中剩下的 N 个数据块即为未命中附加块。在这种情况下,云服务提供商在响应中要求用户上传所有命中文件块的异或值 XOR_j 和 N 个完整的未命中附加块。这样一来,即使云端没有确定敏感块的具体位置,其返回的响应中也仍然包含敏感块的信息,因为此时敏感块必定被包含在命中文件块中。如果 $XOR_j \neq XOR$,则云服务提供商可判定相应去重请求中的敏感块在云端未被命中。此时,附加块数量等于请求去重的文件中未命中块数量减1,这 1 个数据块即未命中敏感块。为了混淆攻击者,确保返回给用户的响应仍然要求上传异或值 XOR_j 和 N 个完整的未命中附加块,云服务提供商必须确定敏感块的准确位置以将其包含在异或值中。值得注意的是,虽然用户上传的是包含敏感块的多个数据块的异或值,而非敏感块本身,云端却仍然能够通过使用其本地存储的公开块与用户发来的异或值做异或运算,从而恢复出用户在当次去重请求中包含的敏感块。综上所述,按照基于请求合并的云数据跨用户去重框架的设计,一般情况下的侧信道攻击和更复杂的附加块攻击都无法窃取云端文件的存在性隐私。

为了实现请求合并,本节所设计的框架根据目标文件的内容,规定将去重请求分别移送到相应目标文件的分类模块中。然后基于附加块数量进一步细分类。附加块数量由之前提到的两个异或值的比较得出,由于在威胁模型中假设附加块数量大于1,因此其范围是 $2\sim q$ 的整数。结束分类后,每组具有相同附加块数量的去重请求分别进入预合并模块。以附加块数量 $N=2$ 为例,对于一个确定的目标文件,一旦在这个预合并模块中单位时间内去重检测请求量达到阈值,所有的去重请求会被传输到合并模块。其中,请求阈值在范围 $[2m, 2m+\varphi m]$ $(\varphi \in [0,1))$ 上随机选定, m 是请求包含的敏感块在预定义的字典中可能的版本数量。具体地说,针对同一个目标文件,假设所有到达云上的去重请求中的敏感块在内容上符合均匀分布。这意味着只要去重请求的数量达到最小值 $2m$,就可以保证不止一个去重请求包含相同的敏感块。接下来的方案流程部分将展示这个假设在附加块攻击下,如何保证针对同一目标文件的所有去重请求都可合并。最后,在本节设计的合并规则下,云服务提供商将相应的去重请求归并到合并模块。基于合并结果,云端把模糊化响应返回给客户端,表明要求用户上传的数据块。基于此规则的模糊化响应保证了敏感块存在与不存在情况下去重响应的无差异性,即响应中一定要求用户上传有关敏感块的信息,从而使得去重响应与敏感块在云端的存在性之间的相关性大大降低,提高了云数据去重的安全性。

3.4　方案流程

如图 3.1 所示,一旦攻击者发起附加块攻击,试图对含附加块的请求发起去重请求,云服务提供商会根据目标文件内容将针对同一目标文件的去重请求归为一大类,再比较两种异或值确定附加块数量,根据结果将初步分类后附加块数量相同的去重请求进一步归为一类,并移送到预合并模块。一旦预合并模块中记录去重请求数量的计数器数值达到或超过去重阈值 θ,该目标文件就会被定义为流行文件。此后,针对该目标文件的去重请求都会被开展客户端去重。从而,请求中与云存储中目标文件内容相重合的部分数据块不会再从客户端上传到云端以节省通信开销。云服务提供商对这些数据块建立链接到所有者的指针。接下来,针对目标文件的去重请求将被传送到合并模块。在合并模块中,本章方案引入分组机制和相应的合并规则来定位去重请求中的敏感块,并确保其信息包含在请求响应中返回给客户端,达到混淆攻击者的目的。下面,将详细描述本章方案的流程。

考虑一个简化的一般场景,假定由同一攻击者在附加块攻击场景下针对同一目标文件生成的去重请求中,附加块内容相同。从而,将合并模块中的去重请求根据附加块内容的异同分成两大类。一方面,来自相同攻击者的去重请求被分别划分成 δ 组 $(\zeta_1, \zeta_2, \cdots, \zeta_\delta)$,每组请求包含一个独立的待验证敏感块。另一方面,在前述组内没有成功合并的去重请求,被加入到组 ζ 中,组 ζ 中的请求是针对同一目标文件,来自不同攻击者的去重请求。考虑到分组划分,这些去重请求被记为 $f''_\eta (\eta = \zeta_1, \zeta_2, \cdots, \zeta_\delta, \zeta)$,其中各自包含的敏感块按照其对应的 m 个可能版本被记为 $S''_1, S''_2, \cdots, S''_m$。需要注意的是,云服务提供商开展分组的依据是请求中包含的数据块内容,而不是去重请求的来源,即依据的目标文件内容以及请求中附加块的数量和内容,而不是这些请求检测文件分别来自哪个攻击者。因此,RMDS 还可以有效地抵抗身份伪造攻击和来自多个攻击者的合谋攻击。

为简化描述,用 ζ_1 和 ξ 这两个分组来展示跨用户去重请求的分组机制和相应的合并规则。如图 3.2 所示,在组 ζ_1 中,请求文件 $f'''_{\zeta_1,i} (i = 1, 2, \cdots, 6)$ 来自同一攻击者,具有相同的附加块和不同的待验证敏感块 $S'''_j (j = 1, 2, 3, 5, 6, 7)$。具体地说,蓝色的 S'''_1 表示命中的敏感块,其与图 3.1 中的 S_{X_1} 相同,其他敏感块在云中均未被命中。对于组 ξ,其中包含的来自 7 个攻击者的请求文件 $f'''_{\zeta,i} (i = 1, 2, \cdots, 7)$ 具有不同的附加块。

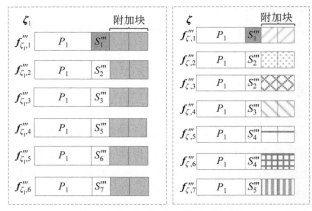

图 3.2　组 ζ_1 和 ξ 中的去重请求

(R1)当去重请求来自同一攻击者时,云服务提供商通过比较和选择可以很容易地区分出附加块。如图 3.3 所示,检测文件 $f'''_{\zeta_1,1}$、$f'''_{\zeta_1,2}$、$f'''_{\zeta_1,3}$ 具有相同的公开块和附加块,以及不同的待验证敏感块。其中,只有检测文件 $f'''_{\zeta_1,1}$ 中的敏感块 S'''_1 在云端存在,其余两个请求中的敏感块在云端均未被命中。在这种情况下,接下来描述两种去重请求合并的方法来展示具体的操作流程,并且在每一种情况下都可以准确定位敏感块。具体来讲,一旦去重请求文件 $f'''_{\zeta_1,1}$ 包含了命中的敏感块 S'''_1,比较请求文件 $f'''_{\zeta_1,1}$ 和 $f'''_{\zeta_1,2}$。显然,结果表明在两个请求中的公开块和附加块均相同,只有 S'''_1 和 S'''_2 是不同的,因此,S'''_2 被认为是未命中的敏感块。接着,类似地,比较 $f'''_{\zeta_1,2}$ 和 $f'''_{\zeta_1,3}$,发现只有 S'''_2 和 S'''_3 不同且二者均未被命中,则 $f'''_{\zeta_1,3}$ 中的 S'''_3 可被确定为敏感块。以此类推,对于后续的任一去重请求,敏感块的位置都可以被准确地找到。

(R2)如图 3.4 所示,组 ξ 中仅包含一个敏感块 S'''_1 被命中的去重请求,属于不能合并的特殊情况。在这种情况下,通过比较去重请求包含的所有命中块的异或值 XOR_j 和云端所存放的目标文件的全局异或值 XOR 可以确定敏感块 S'''_1 的存在性。在图 3.4 所示的情况下,云服务提供商可确定敏感块在云端存在。因此,云服务提供商可知对应的请求中包含的未命中块均为附加块。在返回的去重响应中要求用户上传所有未命中的附加块和所有命中块的异或值,可知异或值中一定包含敏感块的信息。因此,在这种情况下,无须确定敏感块的确切位置即可在去重响应中包含敏感块。

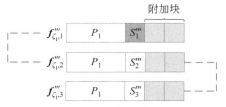

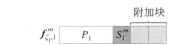

图 3.3　组 ζ_1 中的去重请求合并规则　　　　图 3.4　组 ξ 中敏感块被命中的单个请求

(R3)对组 ξ 中具有相同未命中敏感块以及不同附加块的去重请求,云服务提供商首先通过计算请求中所有命中块的异或值 XOR_j 并与目标文件的全局异或值 XOR 比较,确定这些敏感块在云端未被命中,然后比较请求中的相同数据块以确定敏感块的准确位置。对于剩下的一些在它们自己组 ξ 中合并失败的请求文件,RMDS 考虑利用组 ζ_1 中的请求与它们开展进一步合并。图 3.5 展示了这种情况下的两种请求合并方式。具体来看,比较 $f'''_{\zeta_1,2}$ 和 $f'''_{\zeta_1,3}$,可以确定敏感块 S'''_2 和它的准确位置。而对于组 ξ 中无法合并的去重请求 $f'''_{\zeta_1,4}$,按照规则其将与组 $\zeta_1,\zeta_2,\cdots,\zeta_\delta$ 中的去重请求再次尝试合并,直至合并成功。在图 3.5 中,其最终与组 ζ_1 中的去重请求 $f'''_{\zeta_1,3}$ 成功合并,因为二者具有相同的未命中敏感块 S'''_3。

根据合并规则(R1)~(R3),云服务提供商生成统一的模糊化响应 $N+XOR$ 返回给用户,要求用户上传请求中包含 N 个未命中附加块,以及所有公开块和所定位敏感块的异或值 XOR。在这些合并规则的基础上,算法 1 正式地描述了 RMOS。

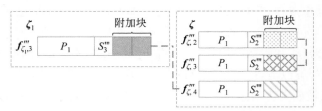

图 3.5　组 ξ 中敏感块未被命中的去重请求

算法 1　RMDS 算法

输入：重复数据删除请求 $f_i''(i=1,2,\cdots,n_3,n_3\in[2m,2m+\varphi m],\varphi\in[0,1])$。
输出：面向每个去重请求的响应。
1：for $i=1$ to n_3
2：　利用分组机制将去重请求 f_i'' 定位到 $\delta+1$ 个组 $(\zeta_1,\zeta_2,\cdots,\zeta_\delta,\xi)$ 中的一组
3：　将组 η 中的请求设定为 $f_\eta'''(\eta=\zeta_1,\zeta_2,\cdots,\zeta_\delta,\xi)$，其数量定义为 σ_η
4：end for
5：for $i=1$ to δ
6：　for $j=1$ to $\sigma_{\zeta i}$
7：　　云服务提供商根据（R1）合并组 ζ_i 中的请求 $f_{\zeta_i,j}'''$
8：　end for
9：end for
10：for $j=1$ to σ_ξ
11：　if 组 ξ 中去重请求 $f_{\xi,j}'''$ 包含的敏感块被命中
12：　　云服务提供商根据（R2）处理去重请求 $f_{\xi,j}'''$
13：　else
14：　　云服务提供商根据（R3）合并去重请求 $f_{\xi,j}'''$
15：　end if
16：end for
17：return 响应 $N+\mathrm{XOR}(C_1,C_2,\cdots,C_k,S'')$

　　一开始，如图 3.2 所示，RMDS 在组 ζ_1 中检查去重请求并根据规则（R1）合并组内的请求。对于图 3.2 所示的组 ξ 中的去重请求，RMDS 先检查请求中敏感块的存在性并应用规则（R2）处理包含命中敏感块的请求。最后，应用规则（R3）处理组 ξ 中余下的去重请求。对于未合并的去重请求，云服务提供商将它们和组 ζ_1 中的去重请求比较，并根据合并规则（R1）～（R3）处理。如图 3.6 所示，去重请求 $f_{\zeta_1,7}'''$ 合并失败后会被移送到组 ζ_1，$\zeta_2,\cdots,\zeta_\delta$ 中，分别与各组内的请求做进一步的合并尝试，直到合并成功。本节假定针对同一目标文件的去重请求中敏感块内容符合均匀分布，所以当去重请求数量达到或超过

$2m$ 时，所有去重请求最终都可以合并。图 3.6 中的合并过程表明，去重请求 $f'''_{\zeta_1,7}$ 最终将和组 ζ_k 中的请求 $f'''_{\zeta_k,r}$ 合并。

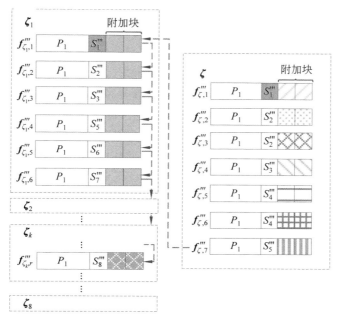

图 3.6　组 ζ 中敏感块未被命中且未请求合并的请求进一步跨组合并

3.5　安全性分析

本节主要分析 RMDS 在 3.3.2 节介绍的威胁模型下的安全性。本节参照 Zuo 等提出的方案，首先分析常规侧信道攻击下方案的安全性，这种情形可归为附加块数量为 0 时的附加块攻击；然后关注附加块数量非 0 时的附加块攻击下方案的安全性。

定理 3-1：在常规侧信道攻击下，对于敏感块被命中和敏感块未被命中的去重请求，敏感块信息总是包含在去重响应中，且攻击者无法通过去重响应来判断敏感块是否存在。

证明：首先，考虑目标文件 X 以 $k+1$ 个等长数据块的形式存储在云端，假定目标文件的所有敏感信息都包含在一个数据块中，记为敏感块 S。其余数据块为公开块，记为 $C_1, C_2, \cdots, C_k$。根据上述介绍的场景，攻击者事先已知 k 个公开块的内容，企图窃取敏感块 S 的信息。而 S 是一个低最小熵可预测块，即其内容的可能版本数量有限且可被攻击者遍历。攻击者生成目标文件 X 的所有可能版本，每个版本都包括已知的公开块 C_1，

$C_2,\cdots,C_k$ 和预测的敏感块 S,然后生成其中每个数据块的标签值发送给云服务提供商请求去重。显然,如果去重请求中的敏感块 S 在云端被命中,云服务提供商会发现去重请求中所有数据块的异或值 $C_1 \oplus C_2 \oplus \cdots \oplus C_k \oplus S$ 和目标文件 X 的全局异或值 XOR 相等。在这种情况下,云服务提供商反馈给用户的去重响应中要求上传 $k+1$ 个命中块的异或值,敏感块 S 的信息包含在其中。否则,如果两个异或值不相等,则云服务提供商要求用户上传 k 个命中块和 1 个未命中块的异或值,这个未命中块即为敏感块 S。这两种情况的差异在于:在第一种情况下,云服务提供商要求异或值是为了实现对攻击者的混淆;在第二种情况下,云端接收到用户发来的异或值后,再与云端存在的 k 个公开块 C_1,$C_2,\cdots,C_k$ 逐一异或,计算得到用户拟请求去重的敏感块。因此,在这两种情况下,无论去重请求中包含的敏感块是否在云端被命中,云服务提供商返回的去重响应均是不可区分的。

定理 3-2:在基于请求合并的去重场景下,对于针对同一目标文件的均匀分布的去重请求,如果附加块数量相同,根据合并规则总能被成功合并。因此,目标文件中敏感块的存在性隐私不会泄露。

证明:根据上述定义,假定分组 $\zeta_1,\zeta_2,\cdots,\zeta_\delta$ 中一共包含 μ_1 个去重请求,每组包含的去重请求来自同一攻击者,组 ξ 中包含来自不同攻击者的 μ_2 个去重请求。特别地,请求中包含的敏感块有 m 个可能的版本。为了简化证明,对于针对同一目标文件的具有相同附加块数量的去重请求,只考虑一个副本,即相同的请求在各个组中不重复出现。

分组 $\zeta_1,\zeta_2,\cdots,\zeta_\delta$ 中的去重请求的数量显然大于 1,因为如果不满足大于 1 的条件,单个请求将被归入组 ξ 中。根据合并规则(R1),组 $\zeta_1,\zeta_2,\cdots,\zeta_\delta$ 中的请求总能被成功合并,进而可以实现云服务提供商生成并返回一个混淆的响应,以实现对附加块攻击的完全抵抗。

在组 ξ 中,只要有一个或多个去重请求中的敏感块被命中,云服务提供商就会根据合并规则(R2)进行处理。而对于敏感块相同却未被命中的情况,云服务提供商通过计算和比较异或值不难定位到敏感块。无论在哪种情况下,去重请求中的敏感块信息总是能够被确保包含在去重响应中,这使得攻击者无法通过响应判断敏感块的存在性,从而有效保护敏感块在云端的存在性隐私。

最后,对于在分组 ξ 中没有成功合并的去重请求,它们会被重新定向到 $\zeta_1,\zeta_2,\cdots,\zeta_\delta$ 逐个分组比较,并按照如图 3.6 所示的合并规则(R3)开展进一步的合并。由于合并请求均匀分布,且 $\mu_1 + \mu_2$ 其实是 $[2m, 2m+\varphi m]$($\varphi \in [0,1]$)上的随机值,因此,至少有两个去重请求包含相同的敏感块。在这种情况下,即使有去重请求在组 ξ 中第一轮合并失败,其最终也会被成功合并。

3.6　性能评估

为了评估 RMDS 的性能,本节将通过实验比较 RMDS 和两种该领域具有代表性的安全去重方案 ZEUS 和 RRCS 的通信开销。在实验中,本节选用亚马逊 EC2 来部署云端程序,并将客户端部署在本地服务器上。特别地,服务器配置为 Intel Core i5-4590 CPU@3.3 GHz、8GB RAM 和 7200 RPM 1TB 硬盘,客户端程序用 Python 3.10.0 实现。

本节的实验分别针对一般情况下的侧信道攻击和附加块攻击两种威胁场景来开展,并采用 Enron Email、Oxford Buildings 和 Traffic Signs 这三个真实数据集。具体地,为了评估在不同文件长度下的方案性能,实验从 Enron Email 数据集中选取了 108 948 个 1000～1500B 的文件,从 Oxford Buildings 数据集中选取了 423 个 500～550KB 的文件,从 Traffic Signs 数据集中选取了 5549 个 750～850KB 的文件,并将它们上传到云端存储。对于每个文件,将其分成固定长度的数据块并使用填充策略确保最后一个分块的完整性。假定每个文件的最后一个分块是敏感块。本节展示的实验结果取 20 次独立重复实验的平均值。

3.6.1　一般情况下抗侧信道攻击的通信开销

一般情况下,用户分别从三个数据集中随机选择 1000、400 和 1000 个目标文件,并分成长度分别为 150B、70KB 和 110KB 的文件块。对于每个文件,用户生成一系列不同版本的去重请求,每个请求都包含一个不知是否被命中的敏感块,其余数据块均为在云端被命中的公开块。假设针对同一文件的去重请求在敏感块内容上符合均匀分布,只有 10% 的请求命中了目标文件,即 10% 的敏感块被命中。本节比较按照云服务提供商返回的响应,相应的发起去重请求的用户完成上传所需的平均通信开销。实验比较结果以归一化的形式展示在图 3.7 中。

如图 3.7 所示,在目标端云数据去重(即云端去重)方案中归一化的通信开销为 1,因为在这种情况下,请求去重的文件每次都要发送给云服务提供商,由后者在云端开展去重。在整个去重流程中,通信开销没有节省。因此,本节实验以这种方案为基准,比较不同去重方案的通信开销。对于 RMDS,由于用户每次只需上传所有公开块和敏感块的异或值,因此通信开销等于一个数据块的长度。而对于 ZEUS,其通信开销大概为文件大小的一半。具体来说,如果请求去重的文件包含的敏感块不在脏块列表中,云服务提供商将会根据响应表要求用户完成数据上传。考虑由两个数据块组成的一组去重请求,如果两

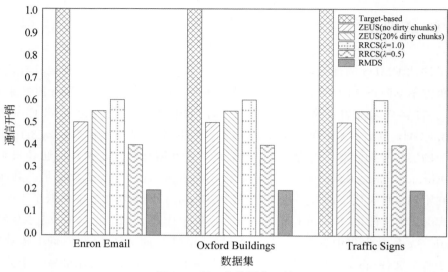

图 3.7 归一化的通信开销

个数据块均未被命中,用户需要完整上传这两个数据块。相反,如果两个数据块至少有一个被命中,那么用户只需上传这两个数据块的异或值。云服务提供商接收到用户发来的异或值后,再将其和云端已存储的命中块计算异或值。此时,如果请求中有一个未命中块,则通过这种异或,云服务提供商可将其成功恢复。如果请求中两个数据块都被命中,则用户发送的异或值为冗余开销。若敏感块已经存于脏块列表中,则无论敏感块是否被命中,云服务提供商都会要求用户上传两个完整的数据块。这使得攻击者无法判断两个数据块的存在性。紧接着,攻击者利用已知的未命中块和感兴趣的待验证敏感块组成块对开展新一轮的去重检测,根据云服务提供商反馈的响应的差异性,即可推断敏感块的云端存在状态。由此可知,在 ZEUS 中,对于每个由两个数据块组成的块对而言,云服务提供商在返回的响应中要求用户上传的数据量至少等于一个块长。因此,根据实验结果,在这三个数据集下,不含脏块的 ZEUS 的归一化平均通信开销分别是 0.56、0.56 和 0.57,略高于 0.5。当实验设置脏块比例为 20% 时,其通信开销分别提升至 0.58、0.59 和 0.6。这种细微的变化表明脏块比例与通信开销之间存在正相关关系,脏块比例越高,相应的通信开销也就越大。在随后的实验中,将脏块比例固定在 20%,进一步比较附加块攻击场景下的通信开销。在 RRCS 中,分别考虑系统参数 $\lambda=1$ 和 $\lambda=0.5$ 情况下的通信开销,其中 λ 决定了云端反馈的去重响应中随机添加的冗余块数量的取值范围的上限。与目标端云数据去重方案相比,$\lambda=0.5$ 时,RRCS 将通信开销降低了 33.9% ~ 36.8%,而当 $\lambda=1$ 时,这一比例增长到 55.6％～59.4％。出现这种结果是因为设置较大的 λ 时,意味着选择随机冗余块的数量范围更大,因此在云端返回的去重响应中要求用户上传的冗余块也更多。显然,与 ZEUS 和 RRCS 相比,在通常情况下,RMDS 所需的通信开销要少得多。

3.6.2　附加块攻击场景下的通信开销

在附加块攻击场景下,为了全面比较 RMDS 与 ZEUS、RRCS 的通信开销,把目标文件分割成不同长度的数据块,并把附加块数量范围设置为 4～6。从图 3.8～图 3.10 可以看出,三种方案的通信开销均随着附加块数量的增加而增加。RMDS 的通信开销呈线性增长,而 ZEUS 和 RRCS 不是。

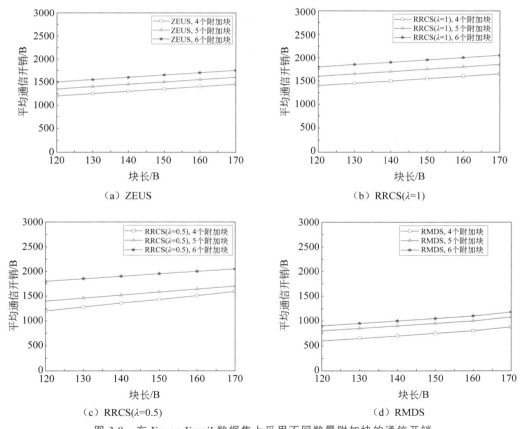

图 3.8　在 Enron Email 数据集上采用不同数量附加块的通信开销

47

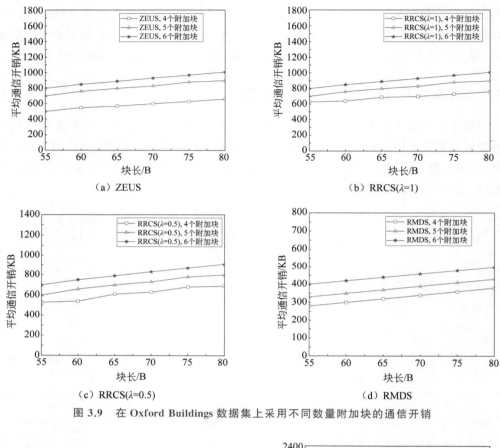

（a）ZEUS

（b）RRCS(λ=1)

（c）RRCS(λ=0.5)

（d）RMDS

图 3.9　在 Oxford Buildings 数据集上采用不同数量附加块的通信开销

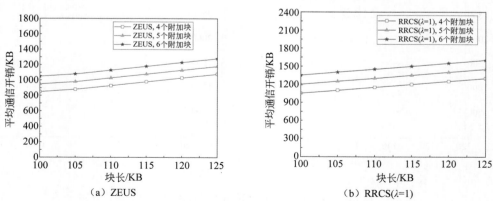

（a）ZEUS

（b）RRCS(λ=1)

图 3.10　在 Traffic Signs 数据集上采用不同数量附加块的通信开销

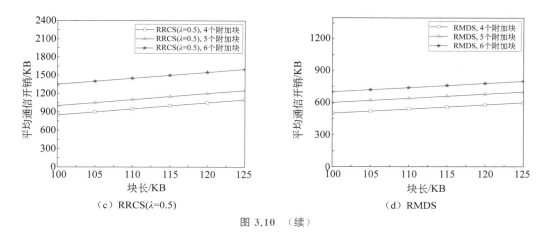

（c）RRCS(λ=0.5)　　　　　　　　　　（d）RMDS

图 3.10　（续）

本节以 Enron Email 数据集为例来分析原因,其他两个数据集与之类似。如图 3.8(d)所示,当数据块的长度被定为 120B 时,随着附加块数量从 4 增加到 5 和 6,RMDS 的通信开销增加了 120B。同样,随着数据块长度的增加,每次增长的通信开销也等于一个块长。这一增长现象是符合 RMDS 原理的,因为在 RMDS 中,对每个去重请求来说,通信开销总是等于附加块数量加 1 个数据块的块长。也就是用户需要上传所有完整的附加块以及其余全部数据块的异或值。一旦附加块数量增加 1,任一选中文件的通信开销也增加一个块长。

对于 ZEUS,如图 3.8(a)所示,当数据块的长度被确定为 170B 时,在附加块数量由 4 增加到 5 和由 5 增加到 6 的情况下,其通信开销的增长量分别是 168.28B 和 239.6B。显然不存在确定的线性关系。这是因为在 ZEUS 中,相邻数据块是成对检查的,最终才会生成一个完整的响应。通信开销与如何配对也有关联。

对于 RRCS,如图 3.8(c)所示,以 λ＝0.5 为例,通信开销呈非线性增长。具体来说,在 120B 的块长下,随着附加块数量从 4 增加到 5 和从 5 增加到 6,该方案的通信开销变化量分别为 207.27B 和 216.49B。因为在理论上,对于 RRCS 下的每个去重请求,假设公开块和敏感块的数量一共为 $k+1$,块长为 L_B,当敏感块被命中时,其通信开销在 $(N+1)L$ 到 $[N+1+\lambda(N+k+1)]L$ 之间随机波动,其中包含的额外开销即为云服务提供商为了实现混淆,随机选定以要求用户上传的命中块。当敏感块未被命中时,通信开销在 $(N+2)L$ 到 $[N+2+\lambda(N+k+1)]L$ 之间随机波动,增长的量为一定要求上传的敏感块长。在上述表示中,N 表示附加块数量,这也就解释了为什么其通信开销并不是线性增长的。

显然,附加块数量对通信开销没有本质的影响。为简单起见,将附加块数量设置为

5,并将以下实验中的其他参数设置为 3.6.1 节中的状态。图 3.11～图 3.13 分别给出了对于本节所选的三个数据集,三个方案在附加块攻击场景下的通信开销。很明显,RMDS 的通信开销总是最小的。原因是在附加块攻击下,由于请求合并规则,RMDS 的响应中总是要求用户上传 $N+\text{XOR}(C_1, C_2, \cdots, C_k, S'')$ 个数据块,因此其冗余开销最多只有 1 个数据块的块长。

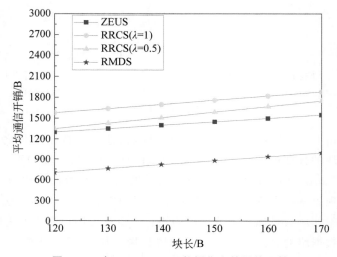

图 3.11　在 Enron Email 数据集上的通信开销

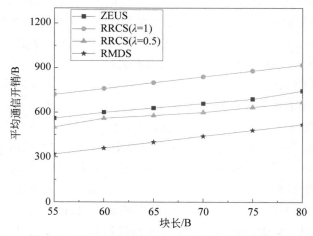

图 3.12　在 Oxford Buildings 数据集上的通信开销

对于 ZEUS,从图 3.11～图 3.13 可以清楚地看出它的通信开销明显高于 RMDS,但

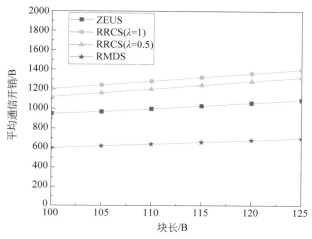

图 3.13　在 Traffic Signs 数据集上的通信开销

是略微低于 RRCS,其原因将在之后讨论。一般情况下,ZEUS 的通信开销主要包括两部分:原始请求文件中相邻块的异或值和未命中附加块。根据之前的分析,通信开销随着请求文件中公开块数量和敏感块在脏块列表中的比例而变化。以块长为 65KB 的 Oxford Buildings 数据集(含 20% 的脏块)为例,对公开块数量为偶数的 219 个文件,其通信开销是 142 350KB。对公开块数量为奇数的 204 个文件,其通信开销达 121 992KB,因此在这种情况下通信开销平均为 624.92KB。

对于 RRCS,当 $\lambda=1$ 时,其在 Enron Email、Oxford Buildings 和 Traffic Signs 数据集上通信开销分别为 1604.80~1985.41B、709.58~901.95KB 和 1200.63~1388.59KB。当 $\lambda=0.5$ 时,其通信开销分别降低 222.16~114.85B、37.05~69.43KB 和 76.33~40.67KB,显然,和一般的侧信道攻击场景下一样,较大的 λ 意味着更高的通信开销,而通信开销与数据块的长度无关。然而,即使云服务提供商需要用户付出大量的冗余开销,安全性仍然无法保证。因为无法确保敏感块一定包含在响应中要求用户上传。而一旦敏感块在去重响应中没有要求用户上传,其存在性隐私立刻就会泄露。

综上所述,RMDS 提供了一套分组机制和合并规则,通过分组和合并过程,云服务提供商能够确定敏感块的准确位置和附加块攻击中的附加块数量,且确保去重响应中一定包含敏感块。因此,无论敏感块是否被命中,总是能够生成无差异的去重响应,不论是在一般的侧信道攻击场景下,还是在更复杂的附加块攻击场景下,都保证了目标文件的存在性隐私安全。不仅如此,在保证安全性的基础上,RMDS 尽量降低了通信开销,去重响应中除了必须要上传的未命中附加块,最多添加一个额外的冗余块来实现混淆。

在三个真实数据集上开展实验的结果表明,RMDS 的通信开销远远低于现有的相关方案。

3.7 本章小结

　　本章介绍了一种轻量级的云数据跨用户安全去重方案 RMDS,以应对云数据跨用户去重过程中存在的侧信道攻击和更进一步的附加块攻击。不同于以往方案由于去重请求中不一定包含敏感块而导致隐私泄露,RMDS 创新性地提出了请求合并规则,通过将多个去重请求进行比较,确定每个请求中敏感块和附加块的数量以及具体位置,从而保证在去重响应中包含敏感块,实现响应混淆。实验结果表明,RMDS 在保证安全性的前提下,所需的通信开销远低于现有方案。

第 4 章

基于随机块附加策略的明文云数据安全去重

4.1 引言

为了抵御侧信道攻击,现有的研究主要分为以下几类。第一类是添加可信网关:在客户端和云服务器之间设置第三方可信存储网关,客户端先将数据块上传至网关进行存储,然后由网关进行重复数据删除后上传至云服务器。然而这存在严重的问题,可信网关在现实场景中的部署难度严重阻碍了其实际应用。第二类是设置去重阈值:只有当请求文件的云端副本数量超过设定的阈值后,才会触发重复数据删除机制,从而更好地保护对隐私保护要求较高的非流行文件。然而,云端需要存储相同文件的多个副本,这不可避免地引入了大量的存储和传输开销。第三类是引入响应模糊化策略:无论云端是否存在请求文件中的隐私块,攻击者都难以区分返回的去重响应。然而,考虑到随机块生成攻击这种复杂的侧信道攻击,现有方案的隐私泄露概率将急剧提高。具体来看,攻击者可以将随机生成的块和隐私块混合在一起生成去重请求发送给云服务提供商。由于随机生成的块只有极低的概率存在于云端,一般将其视为未命中块。一旦响应返回下边界值,即要求用户上传的块或线性组合的数量等于随机生成的块的数量,隐私块的云端存在性将泄露给攻击者。此外,现有方案并未重视请求块的位置与响应之间的内在联系。对于低熵文件,攻击者可以构造特定排列的去重请求,结合学习剩余信息攻击和随机块生成攻击提高成功窃取隐私的概率。

在此背景下,为实现抗侧信道攻击的安全性,笔者提出了一种新的基于随机块附加策略(random chunks attachment strategy,RCAS)(以下简称 RCAS)的云数据跨用户安全去重方案。具体来说,云服务提供商接收到用户上传的去重请求后,在请求末端附加一定数量且状态未知的块来模糊原有请求块的存在状态,并通过乱序处理改变原有请求块间的位置关系,在新提出的响应表的帮助下扩大响应值的取值范围,从而降低下边界值返回的概率。本章的工作主要概括如下:

（1）本章提出了基于随机块附加策略的云数据跨用户去重框架，这是一种简单而有效的防御侧信道攻击的方案。在用户不清楚具体块的存在状态的前提下，通过上传少量冗余块（数量可调节）可实现抗随机块生成攻击、学习剩余信息攻击等侧信道攻击的安全性。

（2）本章提出了 RCAS 响应表、基于添加随机块的存在状态模糊化、上传块乱序等算法，在去重框架的帮助下生成混淆响应，有效解决已有工作在安全性与效率关系上失衡的问题，实现低熵文件的隐私保护。

（3）安全性分析和实验结果表明，与当前流行技术相比，本章方案以增加少量传输开销为代价提高抗侧信道攻击的安全性。

4.2　准备工作

4.2.1　系统模型

本章的系统模型包含两个实体：云服务提供商和用户。云服务提供商拥有强大的计算能力，可以同时为多个用户提供云存储、跨用户去重以及下载服务。具体来说，云服务提供商在接收到去重请求后，会在本地存储比较数据块是否相同，并根据去重协议生成响应返回给用户，从而阻止相同文件的后续上传。用户则通过将本地文件上传到云端保存，以减轻本地存储压力。具体来说，用户将要上传的文件 f 以固定长度 φ 划分为多个块 $C_i,\ i \in \{1, 2, \cdots, n\}$。然后计算它们的哈希值 $H_i = \text{Hash}(C_i)$ 作为查询标签发送给云端，其中 $\text{Hash}(\cdot)$ 是哈希摘要函数（例如 SHA-256）。根据云端返回的响应值 R，用户会计算并上传相应数量的线性组合，供云端解码得到未命中块。

4.2.2　威胁模型

侧信道攻击是跨用户源端去重的主要威胁。攻击者可以伪装成普通用户，通过分析云端返回数据的去重响应值，从而判断敏感块在云端的存在状态。在流量混淆策略下，对于用户发起的某目标文件所有块的去重请求，云端返回的去重响应中，要求上传的数据块数量的最小值与请求中敏感块的命中状态密切相关。因此，攻击者可以观察去重响应中要求上传的数据块数量是否等于去重请求中已知的未命中块数量，来判断目标敏感块的存在状态。如果云端响应值 R 等于已知未命中块数量，攻击者就可以得知目标敏感块在云端存在。

本章方案主要考虑两种复杂的侧信道攻击：随机块生成攻击（random chunks

generation attack)和学习剩余信息攻击(learn the remaining information attack)。

1. 随机块生成攻击

攻击者会构造一个内容为随机比特流、长度为块长度 φ 的随机块。由于一个随机生成的块在云端存在的概率极小,可以忽略不计,因此可以认为随机块是未命中块。攻击者可以构造上传请求,包括一个含有敏感信息、存在状态未知的块,t 个随机块和 s 个命中块,除敏感块以外的所有块的存在状态都是已知的。当敏感块存在于云端时,云端响应值的最小值为 t;而当敏感块不存在时,响应值的最小值为 $t+1$。因此,一旦接收到的响应值为 t,攻击者就可以判断敏感块在云端存在。

2. 学习剩余信息攻击

这种攻击方式被称为暴力字典攻击。对于低熵文件或文件块,攻击者可以生成并请求上传敏感信息的所有可能版本,以获得它们各自的响应值。结合随机块生成攻击,一旦生成的敏感块被命中且返回响应下边界值,该敏感信息就被认为在云端存在,存在性隐私立即泄露。

本章方案不考虑"撤销请求攻击""Sybil 攻击"以及所有权认证 PoW(proof of ownership)问题。由于本章方案沿用了 ZEUS 的脏块列表机制,设计了针对文件块的黑名单机制,如果在用户抵赖、上传内容无法通过完整性检验时,则将非法文件块记录为脏块。目的是阻止攻击者通过"撤销请求攻击""Sybil 攻击"构造去重请求获取更多信息。此外,在本章模型下,攻击者可以构造去重请求,那么该请求的所有块都属于攻击者,必然会通过所有权认证。因此,不考虑模糊去重、密文去重等涉及的所有权认证威胁。

4.3　方案框架

按照基于随机块附加策略的明文去重方法,去重的流程通常由用户发送去重请求开始。如图 4.1 所示去重模型概念图,用户将文件分块并分别计算每个块的哈希值作为查询标签发送给云端。云端从数据库中对用户上传的指纹进行查询,获取拟上传块的存在状态数组。对每个待上传块,再分别查询脏块列表确定其是否包含于其中。如果是,则在存在状态数组中修改对应块的脏块状态标识。接下来,通过图中所示响应值处理模块的六个子模块得到响应值:

① 检查各请求去重的块哈希值,确定相应块是否被标记为脏块。

② 附加块生成器向存在状态数组附加 k 个状态随机的标签。

③ 执行乱序处理。

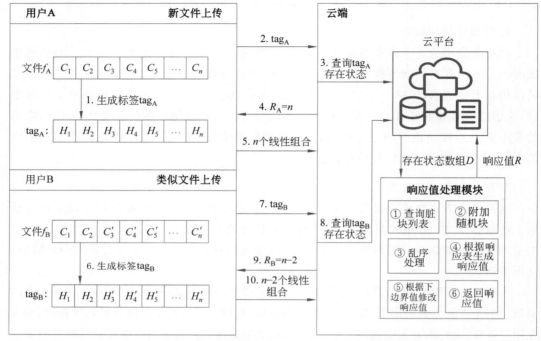

图 4.1   基于随机块附加策略的云数据跨用户安全去重模型概念图

④ 根据响应表生成针对该次上传请求的响应值。

⑤ 根据响应值的下边界值修改响应值,令其最小为 1。

⑥ 返回响应值。

用户根据云服务提供商返回的响应值上传指定数目的线性组合,非正常上传的块将被加入脏块列表。云端对用户上传的线性组合解码还原出相应的未命中块,并在本地保存。此外,云服务提供商维护已存储文件的块列表,存储文件所含块在本地的实际地址。

以用户 A 和用户 B 的去重为例,在图 4.2 所示去重模型框架图中,用户 A 将请求上传的文件 f_A 分割成 n 个长度相等的块 $C_1, C_2, \cdots, C_n$,生成每个块的标签 $H_1, H_2, \cdots, H_n$,并以标签集 tag_A 的形式发送给云服务提供商作为去重请求。接收到请求以后,云端首先查询本地数据库,分别比对 tag_A 中 $H_1, H_2, \cdots, H_n$ 的存在状态,生成存在状态数组 D。接着,云端逐个检查 $H_i, i \in [1, n]$ 对应的块是否为脏块。在图中的例子里,经检查,云服务提供商发现脏块列表为空,所有请求去重的块都不是脏块。接下来,云端使用附加块生成器生成 k 个状态随机的块附加在存在状态数组 D 末尾,然后将存在状态数组 D 重新排列,形成乱序数组 D_{shuffle}。云端将该数组的元素按照相邻顺序排列,两两分为一组，根据 RCAS 响应表计算每组的响应值 r_{Ai}。最后，执行求和算法计算总响应值 R_A，并将 R_A 的最小值限定为 1。云服务提供商将 R_A 发送给用户 A。用户 A 通过范德蒙德矩阵编码，计算并上传包含 $C_1, C_2, \cdots, C_n$ 信息的 R_A 个线性组合。

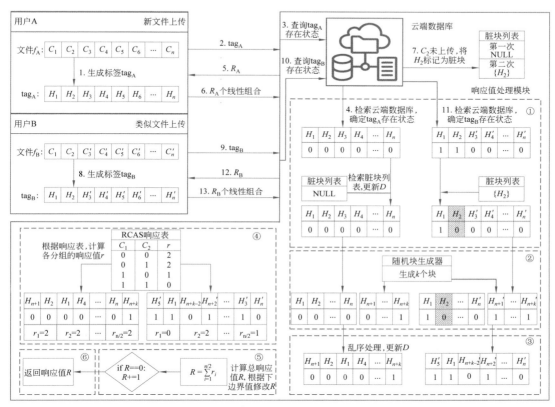

图 4.2 基于随机块附加策略的云数据跨用户安全去重模型框架图

对用户 B 而言，其准备上传的文件 f_B 与用户 A 上传的文件 f_A 是相似文件。f_B 被用户 B 分割成 n 个长度相等的块 $C_1, C_2, C_3', \cdots, C_n'$，其中 C_1, C_2 两块已由用户 A 上传，属于命中块，存在状态为"1"。在用户 B 发送此去重请求之前，由于某用户 C 未按要求上传导致 C_2 被标记为脏块。因此通过查询脏块列表，云服务提供商将用户 B 的去重请求标签集 tag_B 中的 H_2 值更新为"0"。接下来，云端生成 k 个状态随机的附加块，再经过乱序、响应生成等流程，最终生成响应值 R_B。用户 B 计算并上传 R_B 个线性组合。接收到用户发来的线性组合后，云服务提供商解码并恢复出 f_B。由于 f_B 所有块最终都正常上传，没有块被记录为脏块。

本章方案的基本流程大致可以划分为四个步骤：用户请求上传、云端响应、数据存储和数据还原。RCAS 的伪代码如下：

算法 1：RCAS

输入：文件 f，块长 φ，文件块 C_1, C_2, $\cdots$, C_n

1：if 块长 $|C_n| \neq \varphi$

2：最后一块 C_n 用比特 0 将长度补齐至块长

3：if $0 < n \leqslant T$　　　　　　　　 #文件 f 的块数 n 在 $(1, T]$ 区间

4：用户添加 $T-n$ 个块在文件最后

5：计算标签 $H_i = \text{Hash}(C_i)$ $(1 \leqslant i \leqslant n)$ 并上传 $\text{tag} = \{H_1, H_2, \cdots, H_n\}$

6：云服务提供商 (cloud server provider, CSP) 检查用户上传块的存在状态 D 并检查脏块列表 list $D = \text{IsExist}(\text{tag})$

7：$D' = \text{RandRsp}(D, \alpha, k)$　　　　 #执行 RandRsp 函数，附加 k 个块

8：$D_{\text{shuffle}} = \text{Shuffle}(D', w)$　　　 #执行 Shuffle 函数，对 D' 进行乱序处理，w 是置乱密钥

9：$R = \text{GenRsp}(D_{\text{shuffle}})$　　　　 #执行 GenRsp 函数，获取响应值 R

10：if $R < 1$　　　　　　　　　 #R 最小为 1

11：　 $R = R + 1$

12：返回响应 R

13：用户收到响应 R

14：客户端计算范德蒙德矩阵加密的信息 $\boldsymbol{m} = \text{VandEnc}(V, \boldsymbol{C})$

15：用户上传 $\boldsymbol{m}$

16：云服务提供商解密用户上传的信息 $\boldsymbol{C} = \text{VandDec}(\boldsymbol{m}, V)$

17：云服务提供商将 $\boldsymbol{C}$ 存储到本地

在用户请求上传阶段，用户对文件执行 4 个操作：分块（输入行）、块内补齐（第 1～2 行）、块数补齐（第 3～4 行）、计算上传请求标签（第 5 行）。首先用户按照给定的数据划分策略——固定块长 φ（字节）将文件 f 分割成 n 个小的块 $C_1, C_2, \cdots, C_n$。若最后一个块长度不足 φ 则补齐至 φ。若块数 n 不足阈值 T，则用 $T-n$ 个块将文件补齐至 T 块，这 $T-n$ 个块的内容为全 0 比特。特别地，补齐的全 0 比特块由于存在于云端，无须额外传输开销，但可以扩大响应值取值范围从而保护敏感信息。用户在本地基于每个数据块的内容计算其哈希值作为指纹。块指纹唯一标识数据块，一般选择 SHA-1 和 MD5 等抗冲突加密哈希值作为其指纹。将块指纹作为上传请求标签发送至云端。

在云端响应阶段，云服务提供商接收到用户发来的哈希值之后执行 4 个元算法：IsExist、RandRsp、Shuffle 和 GenRsp。它们分别对应块存在状态查询（第 6 行）、添加附加块（第 7 行）、文件块打乱（第 8 行）和响应值生成（第 9 行）。在 IsExist 算法的执行过程

中,云服务提供商从本地数据库中对用户上传的块指纹进行查询,获取上传块的存在状态数组 D。接下来,云端创建用户 ID 和文件指纹,文件内建立块列表,将命中块在数据库的实际地址保存至块列表。在 RandRsp 算法的执行过程中,云服务提供商在用户拟上传块的存在状态数组 D 尾部添加 k 个随机块。然后,云端执行 Shuffle 算法打乱存在状态数组的排序,执行 GenRsp 算法获取响应值 R,并限制 R 的最小值为 1(第 10~11 行)。最后,将响应值 R 发送给用户(第 12 行)。

在数据存储阶段,用户执行 VandEnc 算法,云服务提供商执行 VandDec 算法。在接收到云端返回的响应值 R 后(第 13 行),用户执行 VandEnc 算法(第 14 行),以 R 作为输入,输出 R 个线性组合,并将它们上传至云端(第 15 行)。云端执行 VandDec 算法对用户上传的 R 个线性组合进行解码(第 16 行),从而恢复出用户发送的请求中未命中块的内容。云服务提供商将未命中块的实际地址保存到块列表中,便于后续开展去重检测和文件还原时使用(第 17 行)。

在数据还原阶段,云服务提供商首先对用户开展身份认证,检查用户对文件的所有权。云端根据用户标识符 ID 以及文件指纹查询目标文件。若找到目标文件,根据目标文件的块列表提供的各块实际地址将各块内容按序拼接,还原文件。

下面将介绍实现本章方案所使用的核心算法,如存在状态模糊化、上传块乱序、RCAS 响应生成、范德蒙德矩阵编解码和脏块处理等内容。

4.4　方案流程

4.4.1　存在状态模糊化

存在状态模糊化是一种特殊的算法。它通过在用户请求去重的文件对应的数据块标签中附加一定数量的状态随机块,以实现混淆命中块数量。当云服务提供商接收到用户发送的查询标签 $H_i, i \in \{1, 2, \cdots, n\}$ 后,他们首先会分别检查每个标签在云端的存在状态,并将这些状态存储在一个数组 D 中。数组中的元素 $d_i, i \in \{1, 2, \cdots, n\}$,是按照以下公式定义的:

$$d_i, \quad i \in \{1, 2, \cdots, n\} = \begin{cases} 1, & h_i \text{ 存在于云端} \\ 0, & h_i \text{ 不存在于云端} \end{cases} \tag{4-1}$$

由式(4-1)可知,$D = \{0, 1\}^n$,其中 n 为用户本轮请求去重的文件中数据块标签的总数。接着,云服务提供商在 D 的末尾附加 k 个元素,每个元素以概率 α 取 1,以概率 $1 - \alpha$ 取 0。存在状态模糊化通过对存在状态数组 D 进行一定的修改,可以在得出响应值的过

程中实现有效的混淆。从实现的角度来看,获取存在状态以及存在状态模糊化可以用元算法来表示,如下所示:

$$D \leftarrow \text{IsExist(tag)}$$

其中,输入为集合 tag,表示用户上传的请求去重的数据块标签的集合;输出为数组 D,表示云服务提供商返回的用户拟上传数据块在云端的存在状态。函数 IsExist() 用来判断 tag 中的每个数据块标签是否存在于云端,并将结果记入 D 中。

$$D' \leftarrow \text{RandRsp}(D, \alpha, k)$$

其中,输入为数组 D;附加元素取值概率 α 以及附加元素个数 k;输出为数组 D'。函数 RandRsp() 表示响应模糊化函数,向数组 D 中添加 k 个元素,其中每个元素都以概率 α 取 1,以概率 $1-\alpha$ 取 0。

4.4.2 上传块乱序

乱序是将敏感块等可能地分散至任一分组,从而扩大响应值的取值范围,从而混淆攻击者的视线。通常,乱序过程使用专门的置乱库函数实现,它接受有序序列作为输入并输出等长的乱序序列。具体而言,乱序可以用如下的元算法来描述:

$$D_{\text{shuffle}} \leftarrow \text{Shuffle}(D', w)$$

其中,w 为置乱密钥,由云服务提供商随机生成。该算法以经过云端模糊化处理的文件块存在状态数组 D' 作为输入,将乱序后的数组 D_{shuffle} 作为输出。

4.4.3 RCAS 响应生成

建立响应表是一种将数据块的存在状态集合映射为响应值的方法。本章介绍了一种结合了 ZEUS 的双块上传和双块判定,以及 CIDER 的多块上传和多块判定的新型多块上传、双块判定方法。在云端获取乱序的存在状态数组 D_{shuffle} 后,按照相邻顺序将数组元素两两分组成 $<d_{i-1}, d_i>$,为每组生成一个响应值 $r_{i/2}$,其中 $i \in \{2, 4, \cdots, n\}$,$n$ 为 D_{shuffle} 中元素的个数。随后,云服务提供商通过累加这些响应值得到总响应值 $R = \sum_{k=1}^{n/2} r_k$。表 4.1 详细列出了 $<d_{i-1}, d_i>$ 对应的 $r_{i/2}$ 取值。在实现方面,RCAS 响应生成可以用以下元算法形式表示:

$$R \leftarrow \text{GenRsp}(D_{\text{shuffle}})$$

其中,输入是乱序后的存在状态数组 D_{shuffle};输出是该数组的响应值 R。函数 GenRsp() 由存在状态数组生成响应值。

表 4.1　RCAS 响应表

C_{i-1} 存在状态 d_{i-1}	C_i 存在状态 d_i	分组响应值 $r_{i/2}$
0	0	2
0	1	2
1	0	1
1	1	0

4.4.4　范德蒙德矩阵编解码

范德蒙德矩阵编解码由客户端范德蒙德编码与云端范德蒙德解码组成。假设待上传的文件含有 n 个块,其中 t 个为未命中块,文件块矩阵 $\boldsymbol{C}=[C_1,C_2,\cdots,C_n]^{\mathrm{T}}$,云端返回的响应值为 r。

客户端线性组合计算如下:用户与云端约定了一个 $r\times n$ 的范德蒙德矩阵 $\boldsymbol{V}_r$,如式(4-2)所示,矩阵的秩 $R(\boldsymbol{V}_r)=r$,如式(4-3)所示,用户计算 $\boldsymbol{m}_r=\boldsymbol{V}_r\boldsymbol{C}_r$,并将矩阵 $\boldsymbol{m}_r$ 上传至云端。

云端得到 $\boldsymbol{m}_r$ 后,取其前 t 行,记为 $\boldsymbol{m}_t$,如式(4-4)所示,云端由参数 t 计算矩阵 $\boldsymbol{V}_t$,计算 $(n-t)\times n$ 的 $\boldsymbol{I}_{n-t}$,$\boldsymbol{I}_{n-t}$ 的内容为 $(\boldsymbol{E}_{(n-t)\times(n-t)}\vdots\boldsymbol{0}_{(n-t)\times t})$,$\boldsymbol{E}$ 为单位矩阵,$\boldsymbol{0}$ 为零矩阵;由于云端已经拥有 $n-t$ 个块,云端由这些块得出矩阵 $\boldsymbol{C}_{n-t}=[C_1,C_2,\cdots,C_{n-t}]^{\mathrm{T}}$;接着将 $\boldsymbol{I}_{n-t}$ 和 $\boldsymbol{V}_t$ 拼接,形成 $n\times n$ 的矩阵;将 $\boldsymbol{C}_{n-t}$ 与 $\boldsymbol{m}_t$ 拼接,形成 $n\times\varphi$ 的矩阵。由式(4-4)可得出 $\boldsymbol{C}=[C_1,C_2,\cdots,C_n]^{\mathrm{T}}$。

$$\boldsymbol{V}_r=\begin{pmatrix}1 & 1 & \cdots & 1\\ 1 & 2 & \cdots & 2^{n-1}\\ 1 & 3 & \cdots & 3^{n-1}\\ \vdots & \vdots & \ddots & \vdots\\ 1 & r & \cdots & r^{n-1}\end{pmatrix} \tag{4-2}$$

$$\boldsymbol{m}_r=\boldsymbol{V}_r\boldsymbol{c}_r \tag{4-3}$$

$$\boldsymbol{c}_n=\left(\begin{bmatrix}\boldsymbol{I}_{n-t}\\ \boldsymbol{V}_t\end{bmatrix}\right)^{-1}\begin{bmatrix}\boldsymbol{c}_{n-t}\\ \boldsymbol{m}_t\end{bmatrix} \tag{4-4}$$

从实现上看,范德蒙德编码与解码可以用元算法形式表示如下:

$$\boldsymbol{m}\leftarrow\mathrm{VandEnc}(\boldsymbol{V},\boldsymbol{C})$$

其中,输入为矩阵 $\boldsymbol{V}$ 和 $\boldsymbol{C}$,输出为矩阵 $\boldsymbol{m}$。函数 VandEnc 表示范德蒙德编码。

$$C \leftarrow \text{VandDec}(\boldsymbol{m}, \boldsymbol{V})$$

其中,输入为矩阵 $\boldsymbol{V}$ 和 $\boldsymbol{m}$,输出为矩阵 $\boldsymbol{C}$。函数 VandDec 表示范德蒙德解码。

4.4.5 脏块处理

云端设立了一个"脏块列表",用于记录所有未上传或上传后未通过完整检验的块。在上传请求阶段,云服务提供商首先会检查用户发送的文件块标签是否在"脏块列表"中。与 ZEUS 和 CIDER 的脏块处理不同,如果请求中涉及的块被认定为脏块,云端只会将该块的存在状态设置为"不存在"(即"0"),而无须将整组块状态全部置为"不存在"。这一改进能有效减少传输开销。

4.5 安全性分析

本节从理论上分析 RCAS 面对随机块生成攻击的安全性。

定理 4-1:面对随机块生成攻击时,当上传块数 n 远大于附加块数量 k 时,RCAS 的响应泄露隐私的概率小于目标敏感块在云端存在概率的 1%。

证明:攻击者构造包含 n 个块的去重请求,其中包含 s 个命中块、t 个未命中块和 1 个存在状态未知的目标敏感块,目标敏感块在云端存在概率为 p,$n = s + t + 1$。令泄露隐私为事件 A,云端返回的响应值等于下边界值为事件 B,敏感块为命中块为事件 C,事件 $B|C$ 为事件 X,云端 k 个附加块中有 i 个为命中块为事件 Z_i。

在随机块生成攻击下,当敏感块被命中且云端响应值取下边界值时泄露隐私。该场景首先要求 k 个附加块均为命中块。由于单个附加块被命中的概率为 α,未被命中的概率为 $1-\alpha$,且各个附加块是否被命中相互独立,易得

$$P(Z_i) = C_k^i \alpha^i (1-\alpha)^{k-i} \tag{4-5}$$

当所有命中块靠左排列,而所有未命中块靠右排列时,即为事件 X 出现的场景。此时按照 RCAS 响应机制生成响应,响应值即取下边界值。可得出

$$
P(A) = p \cdot \left(C_k^0 \frac{\alpha^0 (1-\alpha)^k (s+1)! \ (n+k-1-s)!}{(n+k)!} + \cdots + \right.
$$
$$
\left. C_k^k \frac{\alpha^k (1-\alpha)^0 (s+k+1)! \ (n-1-s)!}{(n+k)!} \right) \tag{4-6}
$$

当 $s = n-1$,且 $\alpha = 0.5$ 时,式(4-6)中的通项可以取得最大值。此时

$$P(A)_{\max} = p \cdot \frac{1}{2^k} \sum_{i=0}^{k} \frac{C_k^i}{C_{n+k}^{n+i}} \tag{4-7}$$

当 $s=0$ 或 $s=n-2$，且 $\alpha=0.5$ 时，式(4-6)中的通项可以取得次大值。此时

$$P(A)_{\max} = p \cdot \frac{1}{2^k} \sum_{i=0}^{k} \frac{C_k^i}{C_{n+k}^{i+1}} \tag{4-8}$$

由于 $n \gg k$ 且 $i \leqslant k$，因此前项与后项的比约为 n，后项相对于前项可忽略不计，因此 $P(A)_{\max}$ 约等于首项值：

$$P(A)_{\max} \approx p \cdot \frac{1}{2^k} \frac{C_k^0}{C_{n+k}^1} = \frac{p}{2^k \cdot (n+k)} \tag{4-9}$$

当 k 取最小值 2 时，泄露隐私的概率最大值 $P(A)_{\max} \approx \dfrac{p}{2^2 \cdot (n+2)}$，由于 $n \gg k$，不妨令 $n = T = 30$，代入上式得 $P(A) \leqslant P(A)_{\max} = \dfrac{p}{128} < \dfrac{p}{100}$。

由于响应值的最小值被限定为 1，当 $t=0$ 且敏感块为命中块时 $R=1$，而没有取 $R=0$，此时泄露隐私的概率为 0；当 $t \geqslant 0$ 且敏感块为命中块时，泄露隐私的概率最大值为 $P(A)_{\max} = \dfrac{p}{128} < 0.01p$。综上，定理 4-1 得证。

定理 **4-2**：当上传数据中含有脏块，且上传块数 n 远大于附加块 k 时，泄露隐私的概率小于敏感块在云端存在概率的 1%。

证明：考虑以下场景，攻击者可能无法从一次攻击得知敏感块状态，因此考虑对同一敏感块发起多次攻击。为保证后续验证时目标敏感块在云端的存在状态不变，攻击者在得到第一次请求的响应后会选择中断上传，这将导致后续请求中包含脏块。假设后续请求去重的总块数为 n，其中包含 1 个敏感块、s 个命中块和 t 个未命中块，即 $n = s + t + 1$。

假设目标敏感块为脏块，除目标敏感块之外，去重请求中还包含若干脏块。因为脏块的存在状态为"0"，即为未命中块，故响应值的下边界值大于或等于 $t+1$。又因为当且仅当目标敏感块为命中块，且响应值为 t 时泄露隐私，故敏感块为脏块时不会泄露隐私。泄露隐私的概率为 0，小于 $0.01p$。

假设目标敏感块不为脏块且被命中，不妨设命中块中脏块数量为 d。因此总块数为 n，其中命中块数量为 $s-d+1$，未命中块数量为 $t+d$。根据定理 4-1，泄露隐私的概率最大值与命中块数量和未命中块数量无关，因此泄露隐私的概率小于 $0.01p$。

定理 4-2 得证。

4.6 性能评估

本节通过实验测试本章方案抗侧信道攻击的安全性以及去重性能。比较对象为 DEDUP、ZEUS、ZEUS$^+$、RARE、CIDER 4、CIDER 8,其中 DEDUP 为未进行任何模糊化处理的跨用户源端去重方案,CIDER 4 为每次上传 4 个块的 CIDER 去重方案。实验采用 Python 3.10.0 实现 RCAS。在实验中,本节采用 SHA-256 作为哈希摘要函数,并选用亚马逊 EC2 来部署云端程序,选用配置为 Intel(R) Core(TM) i7-8565U CPU @ 1.80GHz、8GB RAM 和 7200 RPM 512GB 硬盘的服务器部署客户端程序。在安全性实验及分析部分采用 UCI 机器学习知识库的薪资数据集,其包含 32 561 条薪资数据。在去重性能实验及分析部分采用 Enron Email 数据集,其大小为 1.5GB。本节展示的实验结果取 20 次独立重复实验的平均值。

4.6.1 实验参数设置

在实验中,将块长 φ 作为实验变量,φ 的取值范围为 $\{64,128,256,512\}$,单位为字节(B)。公开块的概率 α 被设定为 0.5 作为附加块。另外,将附加块数量 k 作为实验变量,k 的取值范围为 $\{2,4,6\}$,单位为块。文件所含块数的阈值 k 默认设为 30。这个数值是基于实验结果选择的,随着块数的增加,安全性逐渐增强,在块数达到 30 以上时,安全性逐渐趋于稳定。因此,选取了 $T=30$ 作为默认值。

4.6.2 安全性实验及分析

本节旨在使用 UCI 机器学习知识库的薪资数据集,对各种方案在面对随机块生成攻击和学习剩余信息攻击的混合攻击时,泄露目标敏感块存在性隐私的概率进行测试和比较。实验场景如下:数据机构 A 将某公司员工的工资信息表存放于云端,该文件只包含部分敏感数据,其余数据为公开信息。具体来说,工资信息表中包含年龄、阶层、婚姻状况等公开信息,以及学位、薪资、收入三类敏感信息。攻击者未经许可,试图获取其他员工的学位、薪资、收入信息。攻击者只需按照模板格式生成目标员工的公开信息,并附加猜测的敏感信息生成工资信息表,然后发送去重请求给云服务提供商并观察响应。一旦云服务提供商在本地发现相同的工资信息条目,便会阻断当前的上传。攻击者从中得知,猜测的学位、薪资、收入即为目标对象的真实信息。

具体而言,该数据集包含三类共 97 683 条低最小熵的可预测敏感信息,每条敏感信息存储在单独的数据块中。攻击者采用学习剩余信息攻击的策略,即采用暴力字典攻击。例如,攻击者可能会枚举学位的所有可能选项,比如学士学位、硕士学位、博士学位等,逐一构造包含这些选项的上传请求,并观察云端是否阻止了这些请求。当某次上传请求的敏感信息与目标敏感信息相匹配且上传请求被阻止时,便发生了隐私泄露。每次上传请求构成一次学习剩余信息攻击。由于目标敏感信息必然包含在可能的选项中,目标敏感块在云端的存在概率 p 固定为1。每次发起学习剩余信息攻击时,攻击者使用随机块生成攻击的策略,即构造包含 1 个敏感块、s 个命中块和 t 个未命中块的上传请求。当目标敏感块存在于云端且响应值等于未命中块数量 t 时,则发生隐私泄露。实验假设攻击者试图窃取所有可预测敏感信息,对每条目标敏感信息都进行一次学习剩余信息攻击,希望在 97 683 条可预测敏感信息中猜测尽可能多的信息。

在实验设置中,将数据集中的所有薪资数据,总共 32 561 条,上传至云端数据库。而对于待进行去重的客户端数据,每条薪资数据包含学位、薪资、收入三类敏感信息。实验将其中一类信息作为目标敏感信息,而剩余两类信息作为公开信息。对目标敏感信息进行学习剩余信息攻击,总共进行了三次攻击,共计进行了 97 683 次攻击。若在单次攻击中构造的所有上传请求中,任意一次的响应值为 t,则表示此次攻击成功窃取了目标敏感信息,并将此记录为成功窃取隐私的次数。

接下来分别测试了本章方案与现有工作在上述场景中隐私泄露的概率。

1. 响应值下限机制下 RCAS 的安全性

为了检测设置响应值的最小值对隐私保护的作用,本实验首先测试了未设置该机制时的安全性。如图 4.3 所示,在未命中块数量 $t=0$ 的场景下,安全性并没有随块数增加而提高,而是固定在 25%、6.25% 和 1.56%,此时有极大概率泄露隐私。原因如下:当未命中块数量 $t=0$,且附加的 k 个块全为命中块时,概率为 α^k,攻击者构造的上传请求全部为命中块,响应值以 100% 的概率为 0,等于未命中块数量。因此在该情况下响应值以 100% 的概率等于未命中块数量,从而泄露隐私。而当 k 个块不全为命中块时,此时 $t \geqslant 1$,泄露隐私的概率降低。因此泄露隐私的概率 $P(A)$ 约等于附加的 k 个块全为命中块的概率 α^k。具体如图 4.3 所示,当 $k=2$ 时,$P(A)=25\%$,当 $k=4$ 时,$P(A)=6.25\%$,当 $k=6$ 时,$P(A)=1.56\%$,与上述理论值相符。

图 4.4~图 4.6 展示了设置响应值最小值情况下的安全性。当 $k=2$ 时,在未命中块数量不同时,存在性隐私泄露的概率小于 0.7%。而当 $k \geqslant 2$ 时,泄露隐私的概率降低,小于 0.2%,体现了本章方案在侧信道攻击下的安全性。总体而言,k 和 t 的值越高,方案的安全性越高。随着 n 值的增加,方案的安全性趋于稳定。用户可以设置 k 的值,动态调整安全性。

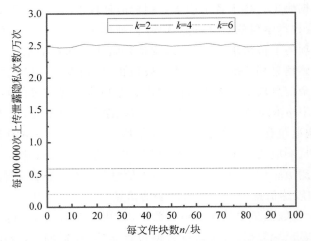

图 4.3 未设置响应值最小值时 RCAS 泄露隐私次数（其中未命中块数量 $t=0$）

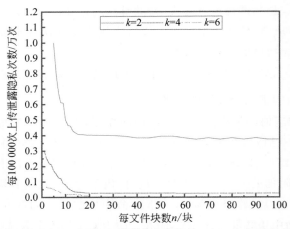

图 4.4 RCAS 泄露隐私次数（其中未命中块数量 $t=1$,已设置响应值最小值）

2. 各方案抗侧信道攻击的安全性

RCAS 与比较对象在相同输入参数下的隐私泄露次数如表 4.2 所示：对照组方案
DEDUP 以及 ZEUS 的隐私泄露次数是 97 683，RARE、CIDER 4、CIDER 8 的隐私泄露概
率分别是 50.054%、50.090%、49.986%。RCAS 在不同的参数设置下，隐私泄露概率分
别为 25.016%、6.256%、1.561%、0.475%、0.066%，显著低于对照组方案，并且用户可以
根据自己的需求设置不同附加块数量 k 以实现安全性的动态调整。因此 RCAS 在面对
随机块生成攻击和学习剩余信息攻击的混合攻击时具有较高的安全性。产生这种现象的

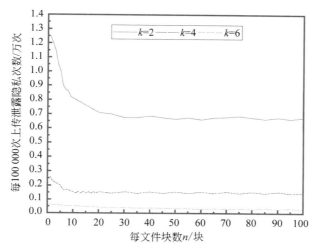

图 4.5　RCAS 泄露隐私次数（其中未命中块数量 $t=2$，已设置响应值最小值）

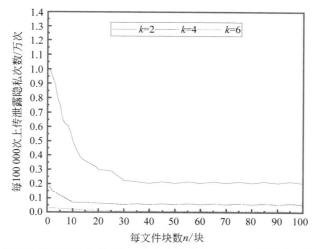

图 4.6　RCAS 泄露隐私次数（其中未命中块数量 $t=4$，已设置响应值最小值）

原因在于在对照组方案 DEDUP 中，云服务提供商未对响应值做任何模糊化处理，响应值等于未命中块数量，攻击者以 100% 的概率根据响应值判断敏感块是否存在，因此隐私泄露概率是 100%；在 ZEUS 中，请求去重的块被成对检查。攻击者构造目标敏感块和未命中块的配对，当目标块被命中时，响应值固定为 1，要求用户上传这两个块的异或值，否则响应值固定为 2，要求用户上传这两个块本身。因此，攻击者可以根据响应值为 1 确定目标块的存在；而 RARE 对 ZEUS 的这两种情况做了进一步混淆，具体为当敏感块被命中

67

时,响应值等概率分布为 $U(1,2)$。只要攻击者接收到响应值的下边界值 1,便能推断出敏感块被命中,因此隐私泄露概率从 ZEUS 的 100% 降低为 50.054%。而对于 CIDER,尽管将场景从两个块扩展到多个块,本质上与 RARE 原理相同,当敏感块被命中,一旦响应返回下边界值,即未命中块数量,隐私立即泄露。

表 4.2 安全性性能表

去 重 方 案	泄露隐私概率/%
DEDUP	100
ZEUS	100
RARE	50.054
CIDER 4	50.090
CIDER 8	49.986
RCAS ($k = 2$, $t = 0$)	25.016
RCAS ($k = 4$, $t = 0$)	6.256
RCAS ($k = 6$, $t = 0$)	1.561
RCAS ($k = 4$, $t = 1$)	0.475
RCAS ($k = 6$, $t = 1$)	0.066

4.6.3 去重性能实验及分析

本节通过在 Enron Email 数据集上开展去重实验,比较各方案的去重效率。本实验分别考查了不同情况下的传输开销与块长的关系,以确定最佳块长并保持效率。另外,本节研究了传输开销与附加块数量的关系,以探究方案参数对去重效率的影响。最后,本节进行了传输开销与未命中块比例关系的实验,比较了各方案在不同未命中块比例下的去重效率。

1. 客户端传输开销与文件块长的关系

本实验研究了不同方案在各种块长下的传输开销,以确定最佳的块长,从而实现有效的重复数据删除。更小的块长通常意味着更高效的去重操作。但随着块长减小,客户端的元数据量会增加,进而导致指纹数量的增加,因而会增加指纹的传输开销。本实验设计了一系列实验来研究块长对传输开销的影响。

实验设置如下:使用 Enron Email 数据集中的 may-l 文件夹作为待去重的客户端数

据测试集,该测试集共包含 1600 个文本数据文件,总大小为 5.84MB。而云端数据则包括 51 万个文件,总大小约为 1.5GB。在这个场景中,公司的大部分员工已将电子邮件(Email)存储在云端,May 是最后一个上传电子邮件的。由于电子邮件在形式上相似度很高,May 可以通过源端去重方式节省更多的传输开销(相较于目标端去重方式)。除了 ZEUS 等方案外,本实验还比较了 DEDUP 和 RAW 两个对照组方案的去重开销。DEDUP 是一种源端去重方案,无须上传所有命中块;而 RAW 是目标端去重方案,无论命中与否均需要上传所有块。本实验选取块长 φ 作为自变量,$\varphi \in \{64,128,256,512\}$,单位为字节(B)。

块长与总传输开销的关系如图 4.7 所示。当块长为 128B 时,各方案均有最佳的去重表现,所需总传输开销维持在最低水平。而当块长为 64B 或 256B 时,各方案传输开销均有所上升,而块长达到 512B 时,需要额外传输大量数据。因此,128B 为各方案最佳块长。

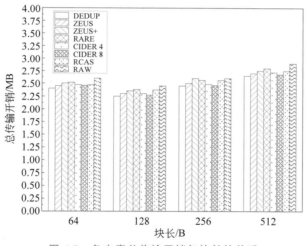

图 4.7　各方案总传输开销与块长的关系

2. 客户端传输开销与附加块数量的关系

附加块数量作为方案的可变参数,其与传输开销的直接关系值得深入研究。本实验沿用以上实验设置,调整附加块数量 k,观察不同块长下的传输开销。如图 4.8 所示,当附加块数量增加时,传输开销没有显著变化。原因如下:

(1)对每个上传请求仅执行一次随机块附加策略,附加次数少,因此总附加块数量远少于总块数。

(2)每个附加块都有 α 的概率为命中块,根据响应表,命中块仅在特殊位置才会增加

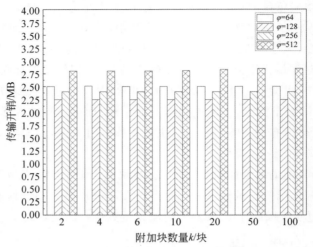

图 4.8　RCAS 传输开销与附加块数量的关系

传输开销,这进一步降低了附加块数量对传输开销的影响。

(3) 由于采用真实数据集开展实验,被测数据含有一定数量的命中块与未命中块,多次测试中在乱序后由响应表带来的额外传输开销各不相同,存在一定的随机性。在此随机性因素下观察附加块数量带来的影响比较困难。

3. 客户端传输开销与未命中块比例的关系

将 RCAS 在不同命中块比例下的传输开销与 ZEUS、RARE 和 CIDER 进行比较。采用 10%、50% 和 80% 作为未命中块比例的取值。这三个取值能够较为全面地体现不同方案在低、中、高未命中块比例下的传输开销。具体实现上,每个文件将按照最佳块长 128B 进行分块。以 Enron Email 数据集所有文件作为云端数据选取范围,随机选取 90%、50% 和 20% 的文件预先存放在云端作为云端数据,因此未上传的文件为未命中块,比例分别为 10%、50% 和 80%。选取 may-l 文件夹中的所有文件作为待去重的客户端数据,上传客户端所有数据,记录总传输开销。传输开销由哈希传输开销、未命中块传输开销组成。分别测试以上 4 种方案,各方案总传输开销如图 4.9 所示,额外传输开销如图 4.10 所示。当未命中块比例较小时,RCAS 需要 10% 的额外传输开销,低于其他方案。当未命中块比例达到 50% 时,由图 4.10 可知 RARE 与 ZEUS$^+$ 的额外开销过大,远远高于 RCAS,而 CIDER 的性能则比 RCAS 要好。当未命中块比例达到 80% 时,RCAS 总传输开销稍高于 RARE 以外的方案。总体来说,未命中块比例较小时,RCAS 在传输开销上稍优于其他方案,而随着自变量增大,RCAS 的传输开销与比较对象持平。产生这种现象的原因如下：

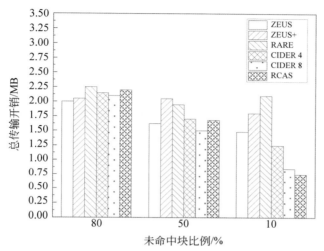

图 4.9　各方案总传输开销与未命中块比例的关系

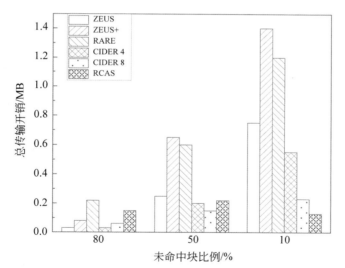

图 4.10　各方案额外传输开销与未命中块比例的关系

（1）根据 ZEUS 的响应表，当且仅当一个分组的两个块均为命中块时，ZEUS 会额外产生一个块长的开销。当未命中块比例较低时，一个分组的两个块大概率均为命中块，ZEUS 会产生更多的额外开销。而当未命中块比例较高时，一个分组的两个块均为命中块的概率大幅降低，ZEUS 的额外开销降低。

（2）当云端存储的文件块副本数量较少时，文件块的存在状态被调整为"不存在"，响应表与 ZEUS 保持一致，因此 ZEUS$^+$ 会由于阈值带来更高的传输开销。

（3）根据 RARE 响应表，当未命中块比例较低时，一个分组的两个块均为命中块的概率较大，RARE 的额外传输开销大。当未命中块比例较高时，一个分组的两个块均为未命中块的概率较小，RARE 的额外传输开销小。但额外传输开销仍会高于同类型的 ZEUS。

（4）选取了组内块数分别为 4 和 8 的 CIDER 4 和 CIDER 8 作为 RACS 的比较对象。在未命中块数量小于组内总块数时，响应值为未命中块数量和未命中块数量＋1 的概率相等，因此额外传输开销约等于一个块的长度；否则，不存在额外开销。因此，随着未命中块比例的增大，组内未命中块数量等于组内总块数量的概率增大，带来的额外传输开销降低。由于 CIDER 每 4 或 8 个块产生一个块长的额外传输开销，因此传输开销低于 ZEUS。

（5）根据 RCAS 响应表，当未命中块比例较低时，组内"未命中块＋命中块"比例由未命中块数量决定，取值较小。当未命中块数量维持中等水平时，该组合比例达到最大值。当未命中块比例较高时，该组合比例由命中块数量决定，比例同样较低。

4.7　本章小结

云存储作为一种便捷、灵活且成本效益高的解决方案，随着云计算技术的蓬勃发展而迅速壮大。数据在企业中扮演着核心资产的角色，而存储则构成了数据的基础支撑，提升存储的安全性成为云存储领域的首要竞争优势。一般情况下，为了提高服务的可靠性和可用性，云存储通常会保存同一数据的多个冗余副本。但随着用户数量和数据规模的爆炸式增长，这种做法导致了大量通信带宽和存储空间的浪费。数据量的不断膨胀以及对数据保护需求的提升，使得为用户提供高效的重复数据删除服务成为云服务提供商的重中之重。本章介绍的 RCAS 成功解决了在随机块生成攻击和学习剩余信息攻击等侧信道攻击下的安全问题。以下是本章的主要研究内容和贡献概要：

（1）RCAS 利用多项技术（例如附加随机块、文件块乱序、构建响应表）来掩盖文件块的存储状态和位置信息，扩大响应值范围，以少量开销降低下边界响应值出现的概率，有效降低了安全风险至可接受范围。

（2）RCAS 设计了新型去重响应策略，通过添加随机块和乱序处理实现模糊化，生成混淆响应。这种策略有效解决了已有工作在安全性与效率关系上的失衡问题，保护了低熵可预测文件的存在性隐私。RCAS 在提升 IT 资源利用率、降低系统能耗和管理成本等方面具有明显优势。

（3）从安全性分析和实验结果来看，RCAS 相较于当前主流去重技术，通过稍微增加开销提高了在侧信道攻击下的安全性。它在低熵文件去重领域（比如电子邮件、电子工资单、企业合同、病历等）有着广泛的应用前景。RCAS 适用于云存储数据备份与归档、远程数据容灾、虚拟化环境、主存储系统以及新型存储介质等应用场景。

第 5 章
基于拆分策略的标记去重

5.1 引言

前文所述去重方案,例如 ZEUS、RARE、RCAS 等虽然能够在一定程度上抵抗随机块生成攻击,然而均未考虑请求中命中块与未命中块比例对去重响应的影响。Ha 等提供了一种全新的思路,将去重请求中的块按照云端存在状态划分为命中块集合和未命中块集合,两个集合间的请求块两两随机配对,以消除传统配对策略的局限性。然而,这一策略仍然无法抵抗随机块生成攻击,一旦去重响应中所需的异或数量等于随机块数量,所有目标块的存在性隐私就会立即泄露。此外,攻击者可以构造特定请求,当命中块数量等于非重复块数量时,每个块仅需要进行一次异或操作,这与其他情况(存在部分块进行两次异或操作)不同,同样会泄露用户隐私。考虑到基于标记策略的去重方案能够有效抵抗随机块生成攻击。该方案通过将去重请求中的特定数量的块标记为未命中块,而不考虑它们的实际存在性,以此来混淆响应中所需的块或线性组合数量。然而,由于无法保证请求中的命中块一定能够被选中标记,因此仅仅采用标记策略无法完全实现响应不可区分性。

在这种场景下,为了抵抗随机块生成攻击以实现安全的跨用户去重,本章提出了一种基于拆分策略的标记去重方案(splitting based deduplication scheme with marking strategy supported,SDMS)。具体来说,当去重请求中命中块数量等于未命中块数量时,为了混淆所需的异或操作次数,云服务提供商会在生成响应之前将去重请求拆分成两个子集合,这两个子集合中均存在异或两次的块。当去重请求中命中块数量与未命中块数量不同时,引入标记策略以实现混淆。本章方案的主要贡献总结如下:

(1)本章提出了一种新的支持拆分策略和标记策略的抗随机块生成攻击的去重框架,借助这个框架,大幅降低了目标块存在性隐私的泄露概率。

(2)本章设计了一种拆分策略,确保将导致差异响应的特定去重请求拆分成两个一般性的请求,从而混淆所需的异或操作次数。这样一来,攻击者不能再根据响应中所需的异或操作次数推断目标块的存在状态。此外,本章还引入了标记策略以实现更好的混淆效果。

（3）本章对所提方案进行了安全性分析,并在真实世界的数据集上进行了实验以评估方案性能。理论和实验结果都表明,SDMS 能够以轻量级方式实现抗随机块生成攻击的安全去重。

5.2　准备工作

5.2.1　系统模型

本章的系统模型包含两个实体:用户和云服务提供商。用户将本地数据发送给云平台存储,随后删除本地数据以减轻存储负担。具体来说,用户首先将待上传文件划分成固定长度的数据块,并计算每个数据块的哈希值作为查询标签。在真正上传数据之前,用户先向云服务提供商发送查询标签来查询待上传文件的云端存在性。随后,根据接收到的去重响应,对请求块进行异或操作,并将异或结果上传到云端。云服务提供商为用户提供存储服务,并执行跨用户数据去重以节省存储开销和管理成本。具体来说,在接收到查询标签后,云服务提供商将它们与本地存储的标签进行比较,以确定它们的存在性,并根据每个数据块是否已经存储将它们划分为命中块集合和未命中块集合。依照本章方案所提的响应生成机制,根据命中块集合与未命中块集合中元素个数的关系,自适应地选取不同的策略生成去重响应。随后,在接收到用户上传的异或值后,再次进行异或操作以得到请求中的未命中块并存储。

5.2.2　威胁模型

与前文类似,本章方案所考虑的安全威胁依然来自外部攻击者。外部攻击者可以发超随机块生成攻击来构造特定的去重请求。这种去重请求包含攻击者感兴趣的目标块和任意数量的随机生成的未命中块。特别地,在本章攻击者被赋予了更大的能力,即通过控制去重请求中命中块和未命中块的数量来制造特定的临界情况,企图通过分析响应中两两配对的块对数或者每个块被要求执行的异或操作次数来窃取目标块的存在性隐私。考虑以下场景,假设请求中包含 R 个随机块、M 个目标块、T 个已知命中块。若 $R>M+T$,且响应中所需的块对数为 R,则攻击者便能推断出 M 个目标块全部被命中;若 $R=M+T$,且响应中每个块均只需要进行一次异或操作,则攻击者依然能够得到上述结论。

5.3 方案框架

本章改进了 Ha 等的去重方案,以轻量级方式实现对随机块生成攻击的抵抗。具体而言,该框架支持提出的拆分策略与引入的标记策略结合使用,以实现对请求块所需的异或操作次数的混淆。如图 5.1 所示,用户首先将待上传文件 F 分成 N 个长度固定的块 $(C_1, C_2, \cdots, C_N)$,计算它们的哈希值 $(h_1, h_2, \cdots, h_N)$ 作为查询标签 Q 发送给云端。在接收到请求后,云服务提供商首先检查这些块是否已存储在本地。类似于 Ha 等提出的方案,云服务提供商根据查询结果将去重请求中的 N 个标签分为一个命中块集合和一个未命中块集合,分别表示为 $H_1 = \{h_{11}, h_{12}, \cdots, h_{1l'}\}$ 和 $H_0 = \{h_{01}, h_{02}, \cdots, h_{0l}\}$,其中 l' 和 l 分别表示请求中命中块和未命中块的数量($0 \leqslant l', l \leqslant N, l' + l = N$)。云服务提供商根据 $P = l/l'$ 的值采用不同的混淆策略生成去重响应。

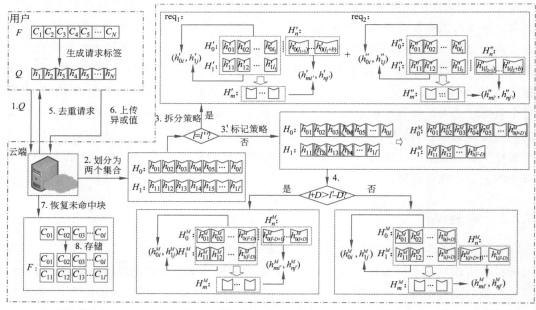

图 5.1　SDMS 框架

当 $P = 1 (l = l')$ 时,与 Ha 等直接将 H_1 和 H_0 中的块配对不同,本章提出了一种拆分策略,将去重请求拆分为两个子请求,随后分别生成响应。原因在于根据 Ha 等的设计,$P = 1$ 时请求中的所有块均只进行一次异或操作,这与 $P > 1$ 时的响应(必然有一些块进行了两次异或操作)很容易区分。为了消除这种差异性,本章方案将去重请求划分成两

个子请求 req_1 和 req_2，每个子请求分别包含了命中块子集 $H_1' = \{h_{11}', h_{12}', \cdots, h_{1l_1}'\}$ 和未命中块子集 $H_0' = \{h_{01}', h_{02}', \cdots, h_{0(l_1+b)}'\}$ 以及 $H_1'' = \{h_{11}'', h_{12}'', \cdots, h_{1(l_2+b)}''\}$ 和 $H_0'' = \{h_{01}'', h_{02}'', \cdots, h_{0l_2}''\}$，其中 $0 < l_1, l_2 < N$，$l_1 + l_2 + b = N/2$。因此，$P=1$ 的情况被替换成了 $P>1$ 和 $P<1$ 的情况，并不是每个块都只需要进行一次异或操作，存在性隐私得到了很好的保护。

在 $P \neq 1 (l \neq l')$ 的情况下，考虑到响应中所需的异或值的数量可能泄露目标块的存在性隐私，引入标记策略以最大限度地减小返回响应边界值的概率。具体而言，随机选中特定数量的请求块，将它们标记为未命中块而不考虑其原始存在性。计算被标记的块数 $K (K \in [1, N-1])$ 时要确保至少标记中一个命中块的概率大于 P_r。然后，得到了标记块集合 $H_1^M = \{h_{11}^M, h_{12}^M, \cdots, h_{1(l'-D)}^M\}$ 和 $H_0^M = \{h_{01}^M, h_{02}^M, \cdots, h_{0(l+D)}^M\}$，这里 $D (D \in [0, K])$ 表示标记的命中块数量。因此，即使每个目标块都是命中块，响应中返回边界值的概率（没有标记中任何一个命中块）也降低到了 $1 - P_r$，这意味着只要 P_r 足够大，隐私泄露的概率可以忽略不计。

收到云服务提供商的去重响应后，用户将指定的块进行配对，并计算它们的异或值发送给云端。随后，云服务提供商逐个地将这些值与本地存储的块 $(C_{11}, C_{12}, \cdots, C_{1l'})$ 进行异或操作，以得到未命中块 $(C_{01}, C_{02}, \cdots, C_{0l})$。

5.4 方案流程

5.4.1 $P=1$ 时的响应生成过程

为解决请求块异或次数的差异性引起的问题，本章提出拆分策略以打破原始的一对一配对模式，并确保在响应中总是有一定数量的块进行了两次异或操作。具体来说，如图 5.1 所示，请求包含 N 个块，其中一半是未命中块，另一半是命中块。将去重请求分为两个子请求 req_1 和 req_2，分别对应 $P>1$ 和 $P<1$ 的情况。req_1 中的未命中块和命中块的数量分别是 $l_1 + b$ 和 l_1，而 req_2 中的数量分别是 l_2 和 $l_2 + b$，，其中 $0 < l_1, l_2 < N$，$l_1 + l_2 + b = N/2$。类似 Ha 等的方案，由于当 $P>3$ 时，云服务提供商无法通过异或值计算得到未命中块，在这种情况下，用户需要上传请求中的所有块。因此，为了使响应不可区分，当 $P=1$ 时，b 需满足条件 $b \leqslant 2l_1$ 和 $b \leqslant 2l_2$。将其代入上述方程，可以得出 $0 < b \leqslant N/4$。这意味着一旦 $N < 4$，所提出的请求拆分策略将不再适用。因此，在这种情况下，请求中的每个块都必须上传。

以 req_1 为例，具体的响应生成过程如下。云服务提供商发现命中块集合 H_1' 中的块数较小，记为 l_1。然后从未命中块集合 H_0' 中随机选择 l_1 个块与其配对，得到块对(h_{0i}', h_{1j}')，其中 $0<i,j\leqslant l_1$。由此得到了包含 $2l_1$ 个配对块的集合 H_m。将 H_0' 中剩余的 b 个未命中块记为集合 H_n，然后从 H_m 中随机选择 b 个块与来自 H_n 的块配对，得到($h_{mi'}'$, $h_{nj'}'$)，其中 $0<i',j'\leqslant b$。因此，返回给用户的响应表示为 $\{(h_{0i}', h_{1j}')\} \parallel \{(h_{mi'}', h_{nj'}')\}$。$req_2$ 的响应生成过程类似。

5.4.2　$P\neq1$ 时的响应生成过程

考虑到 Ha 等方案的安全问题，所提方案对 $P<1$ 和 $P>1$ 的情况进行了相同的操作。然而，在 $P\neq1$ 的情况下，一旦每个目标块都是命中块，响应中要求的块对数将达到边界值，这会立即泄露目标块的存在性隐私。因此引入标记策略来混淆真实的命中块数量。

具体而言，如果云服务提供商接收到 $P\neq1$ 的去重请求，则会触发标记过程。根据式(5-1)计算要标记的块数 $K(K\in[1,N-1])$，以确保至少以概率 P_r 标记中一个命中块。随后，如图 5.2 所示，随机选择 K 个块标记为未命中块，而不考虑它们的真实存在性。在图中，被标记的命中块数量表示为 D。以图 5.1 中的请求为例，来自集合 H_1 的命中块 h_{12} 和 h_{14} 在此过程中被标记为未命中块，$D=2$。因此，标记集合 H_0^M 和 H_1^M 分别包含 $l+D$ 和 $l'-D$ 个块。然后重新计算 P 的值，并根据 5.4.1 节中描述的步骤分别为 $P>1$ 和 $P<1$ 的情况生成响应。

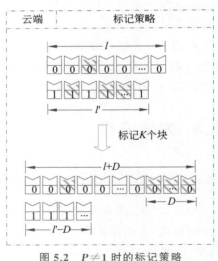

图 5.2　$P\neq1$ 时的标记策略

$$\begin{cases} 1-\dfrac{C_l^K}{C_N^K} \geqslant P_r \\ 1-\dfrac{C_l^{K-1}}{C_N^{K-1}} < P_r \end{cases} \tag{5-1}$$

5.5　安全性分析

定理 5-1：根据每个块所需的异或操作次数窃取目标块存在性隐私的概率可以忽略不计。

证明：考虑一个包含 N 个块的目标文件，其中，M 个块是攻击者感兴趣的目标块，R 个块是随机生成的块，剩下的 T 个是公共块。特别地，在这 M 个目标块中，假设有 W（$W \in [0, M]$）个为未命中块。当 $\dfrac{R+W}{M+T-W} \neq 1$ 时，通过标记策略标记了 K（$K \in [1, N-1]$）个块，其中，D（$D \in [1, K]$）个是命中块。当 $\dfrac{R+W}{M+T-W} = 1$ 时，没有块被标记，因此 $K = D = 0$。

显然，根据去重响应，每个块都必须参与至少一次的异或操作。定义 X 为异或操作两次的块的数量，P 为未命中块数量除以命中块数量 $\left(P = \dfrac{R+W+D}{M+T-W-D}\right)$。根据 P 的值，讨论如下 3 种情况。

（1）当 $P > 1$ 时，根据本章的设计，$X = R+W+D-(M+T-W-D)$。特别地，其中一半是命中块，另一半是未命中块。剩余的 $2(M+T-W-D)$ 个块只执行一次异或操作。

（2）当 $P < 1$ 时，类似于前一种情况，有 $X = M+T-W-D-(R+W+D) > 0$。剩余的 $2(R+W+D)$ 个块只执行一次异或操作。

（3）当 $P = 1$ 时，将请求块分为两组。第一组由 $l_1 + b$ 个未命中块和 l_1 个命中块组成。而第二组涉及 l_2 个未命中块和 $l_2 + b$ 个命中块，其中 $b \in \left[1, \dfrac{N}{4}\right)$，$l_1 + b + l_2 = \dfrac{N}{2}$。对于每一组，执行去重操作。总共 $X = 2b > 0$ 个块被异或两次。剩余的 $2(l_1 + l_2)$ 个块只执行一次异或操作。

因此，在这些情况下，被异或两次的块的数量总是大于 0。所以，根据这个数量窃取目标块存在性隐私的概率可以忽略不计。

定理 5-2：根据响应中所需的异或操作次数窃取目标块存在性隐私的概率可以忽略不计。

证明：考虑与定理 5-1 证明中相同的条件，讨论以下两种情况：$\dfrac{R+W}{M+T-W} \neq 1$ 和 $\dfrac{R+W}{M+T-W} = 1$。在第一种情况下，如果 $D = 0$，目标块存在性隐私会立即泄露，因为 W 可以从去重响应中推导出来。特别是当 $P > 1$ 时，响应中所需的异或次数可以计算为

$$Z = R + W + D \tag{5-2}$$

由于攻击者知道 R，一旦 $D = 0$，W 的值会立即泄露。当 $P < 1$ 时情况类似。当 $D = 0$ 时，存在以下两种情况：

（1）当$\dfrac{M+T-W}{N}>p_r$时，用事件 A 表示在预处理中随机选择的 K' 个块均为未命中块，其中 $K'\in[N\times p_1,N\times p_2]$ 且 $0<p_1<p_2<1$。其相应概率为

$$P(A)=\dfrac{C_{R+W}^{K'}}{C_N^{K'}} \tag{5-3}$$

在上述前提下，在标记过程中随机选择的 K 个块也是未命中块表示为事件 B。在事件 A 条件下发生事件 B 的概率为

$$P(B\mid A)=\dfrac{C_{R+W}^{K}}{C_N^{K}} \tag{5-4}$$

其小于或等于 $1-p_r$。

根据条件概率的定义公式，事件 A 和事件 B 同时发生的概率为

$$P(AB)=P(B\mid A)\times P(A)=\dfrac{C_{R+W}^{K'}}{C_N^{K'}}\times\dfrac{C_{R+W}^{K}}{C_N^{K}} \tag{5-5}$$

这个概率小于 $1-p_r$。在这种情况下，该事件等同于事件 $D=0$。

（2）当$\dfrac{M+T-W}{N}<p_r$时，定义事件 B 表示在标记过程中随机选择的 K 个块都是未命中块。事件 B 发生的概率为

$$P(B)=\dfrac{C_{R+W}^{K}}{C_N^{K}} \tag{5-6}$$

这个概率小于或等于 $1-p_r$。事件 B 等同于事件 $D=0$。

根据上述得到的结果，在$\dfrac{R+W}{M+T-W}\neq1$的情况下，当p_r足够大时，响应中泄露 W 值的概率接近 0。一旦$\dfrac{R+W}{M+T-W}=1$，与定理 5-1 类似，有$l_1+b+l_2=R+W+D=\dfrac{N}{2}$。可以计算出 Z，即

$$Z=l_1+b+l_2+b=l_1+l_2+2\times b \tag{5-7}$$

$W=Z-R-D-b$，其中 b 是随机确定的且大于 0。因此，根据响应中所需的异或操作次数窃取目标块存在性隐私的概率可以忽略不计。

5.6 性能评估

在本节中，使用 Enron Email 数据集和 Linux-logs 数据集进行实验，以比较本章方案与 ZEUS、RARE 以及 Ha 等的方案在通信开销方面的性能。具体来说，比较上述方案

在块长分别为 128B、256B、512B、1024B 时的通信开销,并在文件上传数量从 20 增加到 100 的情况下评估了其增长率。对于每个数据集,首先随机选择 1000 个文件存储在云端,然后重新选择 200 个随机文件进行性能测试。云服务提供商进程是在亚马逊 EC2 实例上实现的,客户端进程是在配备 Apple M2 CPU @ 3.5 GHz、16 GB RAM 和 512 GB 固态硬盘的服务器上完成的。所有算法均使用 Python 3.10.0 实现。本节展示实验结果取 20 次独立重复实验的平均值。

如图 5.3 和图 5.4 所示,总体而言,四种方案的通信开销随着块长的增加而略微下降,这是因为查询标签的数量在减少。以 Enron Email 数据集为例,在块长分别为 128B、256B、512B 和 1024B 时,如果 $P>1$,SDMS 的通信开销分别为 127KB、126KB、124KB 和 122KB,低于 RARE 的 128KB、127KB、126KB 和 125KB,但略高于 Ha 等的方案的 120KB、118KB、116KB 和 114KB,以及 ZEUS 的 117KB、116KB、115KB 和 113KB。当 $P\leqslant 1$ 时,结果类似,Linux-logs 数据集也是如此。原因在于根据 SDMS 和 Ha 等的方案设计,当 $P>3$ 或 $P<1/3$ 时,用户需要上传所有块。当 $1<P<3$ 时,SDMS 引入的标记策略导致了额外的冗余开销,该开销等于被标记的命中块的总长度。在 $1/3<P<1$ 的情况下,在 Ha 等的方案中,第一轮配对后,未配对的命中块需要进行异或操作,造成了冗余开销。而对于 SDMS,冗余开销等于标记后的命中块的总长度,根据公式(5-1),标记块的数量被最小化。因此,SDMS 的冗余开销略高于 Ha 等的方案,这是为了实现更高的安全性。在 ZEUS 的方案设计中,当请求中两个配对块均为命中块时,所需的冗余开销等于单个块的长度。否则,开销相当于 Ha 等的方案。总体而言,Ha 等的方案更为高效。但是,考虑到 $P>3$ 和 $P<1/3$ 的情况,ZEUS 最终的通信开销接近 Ha 等的方案。而对于 RARE 来说,除了两个配对块均为未命中块之外,所有配对情况都可能产生冗余开销,所

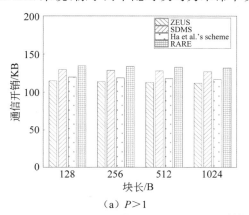

（a）$P>1$

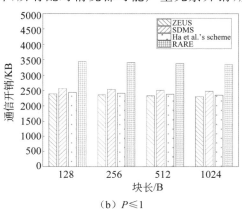

（b）$P\leqslant 1$

图 5.3　Enron Email 数据集中不同块长对应的通信开销

以需要更多的通信开销。

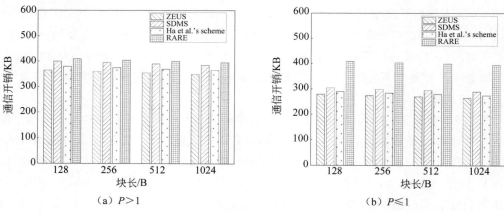

（a）$P>1$　　　　　　　　　　　（b）$P\leqslant 1$

图 5.4　Linux-logs 数据集中不同的块长对应的通信开销

如图 5.5 和图 5.6 所示，通信开销随文件上传数量增加而增加，增长逐渐放缓。以 Linux-logs 数据集中的 SDMS 为例，上传文件数量分别为 20 个、40 个、60 个、80 个、100 个。当 $P>1$ 时，通信开销分别为 109KB、193KB、273KB、381KB、461KB；当 $P\leqslant 1$ 时，通信开销分别为 83KB、146KB、207KB、291KB、349KB。这是因为上传到云端的文件越多，随后的文件上传中会有更多的块被命中。特别地，与 RARE 相比，SDMS 的通信开销更低，但与 ZEUS 和 Ha 等的方案相比要略高。原因类似上面讨论的情况。

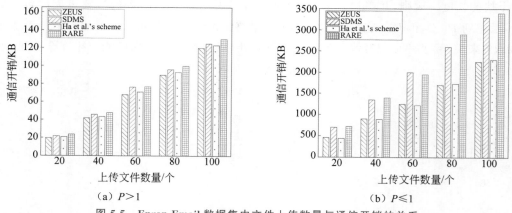

（a）$P>1$　　　　　　　　　　　（b）$P\leqslant 1$

图 5.5　Enron Email 数据集中文件上传数量与通信开销的关系

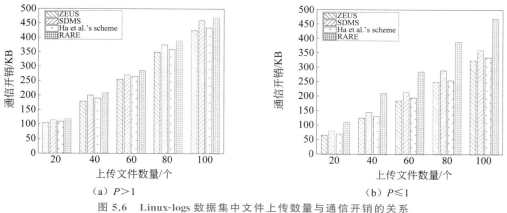

（a）$P>1$　　　　　　　　　　（b）$P\leq1$

图 5.6　Linux-logs 数据集中文件上传数量与通信开销的关系

5.7　本章小结

SDMS 提高了跨用户去重的安全性。SDMS 通过提出的拆分策略,使每个块所需的异或操作次数得到混淆(当命中块数量与未命中块数量相同时);此外,引入标记策略来处理命中块数量与未命中块数量不同的情况。安全性分析和实验结果表明,与现有技术相比,SDMS 在引入有限开销的前提下实现了更高的安全性。

第 6 章
基于标记混淆策略的抗侧信道攻击云数据去重

6.1 引言

如前文所述,在云数据跨用户去重过程中,确定性响应实际上为攻击者提供了一个侧信道,若云端存放了模板化的可预测文件,攻击者可以通过发起侧信道攻击、上传猜测的目标文件并观察去重响应,从而根据去重响应窃取目标文件的存在性隐私。由于在块级去重时很难对目标块存在与否两种情况下的响应实现完全混淆,侧信道攻击问题很难彻底解决。与此同时,一种形式复杂的统计攻击——随机块生成攻击也是一个棘手的难题。攻击者将一定数量随机生成的未命中块和感兴趣的目标块放在一起生成去重请求,通过观察响应来确定目标块的存在性。当前已经有脏块处理机制来应对统计形式的攻击,在块级去重请求中未根据去重响应完整上传的文件块,将被加入脏块列表,后续的去重请求中若包含脏块列表中的文件块,即无论其是否存在于云端,都需要上传请求中的所有文件块。然而,在随机块生成攻击下,攻击者完全可以在每次去重请求中重新添加随机生成的未命中块来避免被加入脏块列表,从而仍可发起有效的统计攻击。

具体来说,考虑到请求中的文件包含 N 个块,其中 n 个应该是敏感块,攻击者对其存在性隐私感兴趣。混淆的目的是确保所需的块或线性组合的数量和内容尽可能地与未复制的块的实际数量不同,从而保证敏感块的存在性隐私不能再从响应中推断出来。然而,根据这样的策略产生的响应存在边界问题,因为所需块或线性组合的下限数量正好等于非重复块的数量。一旦返回了攻击者刚刚知道的值,剩余块的存在性隐私就会立即泄露。值得一提的是,这样的攻击可以以统计学的方式发起。例如,当 N 个块中的每一个或线性组合都需要响应时,$N-n$ 个非目标块都是已知的非重复块。通过在请求中反复替换剩余的 n 个目标块,一旦返回一个只需要 $N-n$ 个块或线性组合的响应,就可以知道这 n 个目标块是存在的。作为处理这种风险的手段,脏块列表被用来记录那些在响应中需要但没有上传的块,这种块被称为脏块。只要发现有一个块在列表中,请求中的每个块都需要,这意味着响应值为 N,以实现混淆。然而,如果 $N-n$ 个块被攻击者随机生成,其中每个块都可能不存在于云端,它们可以很容易地被重新生成,以避免被添加到列表中。因此,如果它们的第一次请求中的 n 个敏感块同时被重复,则它们的存在性隐私可能会立即泄露。此外,即使在其他情况下,通过脏块列表实现了完全的混淆,但仍然不可避免地引入了大量的开销。

在这种情况下,为了对抗侧信道攻击并提高安全性,本章介绍了一种基于标记混淆策略(markup based obfuscation strategy,MBOS)的云数据跨用户安全去重方案(以下简称 MBOS)。本章的主要贡献总结如下:

(1) 本章提出了一个基于标记混淆策略的云数据跨用户去重框架,它使云服务提供商在返回响应之前将一定数量的随机选择的块标记为非重复的。在这个框架的帮助下,混淆被很好地引入,用以抵抗随机块生成攻击和侧信道攻击。

(2) 本章提出了一种计算要标记的块数的方法,以确保至少有一个重复的块被大概率地涉及。为了以轻量级的方式处理统计学攻击,本章还提出了一个渐进式的标记混淆策略和一个脏块撤出机制。在这些方法的支持下,敏感信息的存在性不能再从返回的响应中被轻易推断出来。

(3) 本章对 MBOS 进行了安全性分析,并在真实世界的数据集上进行了实验来评估其性能。理论分析和实验结果都表明,无论请求中的敏感块是否重复,MBOS 都能以极高的概率生成无差别的响应,并且只需引入有限的开销。

6.2　准备工作

6.2.1　系统模型

本章的系统模型包含两个实体:客户端和云服务提供商。系统实体及简易流程如图 6.1 所示,其中,未命中文件请求去重流程、不包含脏块的部分命中文件请求去重流程、包含脏块的部分命中文件请求去重流程如图 6.1(a)、图 6.1(b)和图 6.1(c)所示。

客户端是指已经在云服务提供商上完成注册,并且需要将自己的数据或文件外发给云服务提供商的实体。在设计方案中,用户在发送去重请求前,需要对文件进行分块,并计算每个文件块的哈希值生成对应的标签。然后,用户将去重请求发送给云服务提供商,并按照云服务提供商返回的响应要求上传相应的数据。云服务提供商是指一个管理大量云服务器以提供海量存储空间和计算资源的实体。一旦云服务提供商从云用户接收到去重请求,其会在本地存储中检查请求去重的文件块,查询是否有命中块及脏块。如果云端

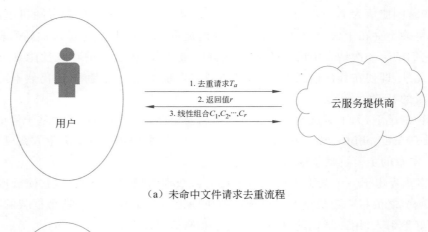

（a）未命中文件请求去重流程

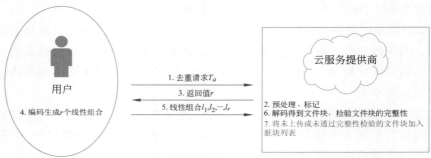

（b）不包含脏块的部分命中文件请求去重流程

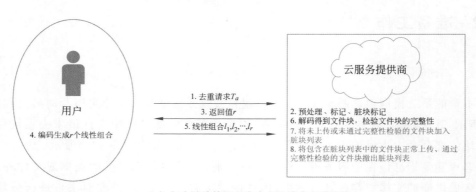

（c）包含脏块的部分命中文件请求去重流程

图 6.1　云数据跨用户安全去重模型

关于该去重请求的所有文件块均未被命中,其要求云用户直接上传所有文件块并在本地
检验完整性;否则,云服务提供商将根据有无脏块,执行具体的标记混淆策略。具体步骤

如下。

（1）用户将请求去重的文件分块，并把文件块对应的标签（通常为文件块内容的哈希值）作为去重请求发送给云服务提供商。

（2）根据收到的文件块标签，云服务提供商首先查找相应的文件块是否已经存在于云端。若全都不存在，如图 6.1（a）所示，云服务提供商生成去重响应返回给用户，要求用户直接上传所有文件块。待用户上传后，云服务提供商对接收到的数据块开展完整性检验，将检验通过的块在本地保存。若请求去重的某些文件块已在云端存在且去重请求不包含脏块，如图 6.1（b）所示，则云服务提供商会通过标记混淆策略对响应的返回值实现模糊化。其根据命中块的比例计算出标记块的数量，以确保能够以极大概率标记中至少一个命中块。若请求去重的某些文件块已在云端存在且去重请求包含脏块，如图 6.1（c）所示，由于云端会为脏块列表中的每个脏块配备计数器来记录该脏块被加入脏块列表的次数，根据每个计数器的大小其可以计算在脏块处理过程中需要标记的块数，从而开展第二轮标记，以进一步对响应的返回值实现混淆。在图 6.1（b）和图 6.1（c）中，云服务提供商基于标记混淆策略生成响应值 r 并返回给客户。

（3）用户收到 r 值后，利用范德蒙德矩阵将文件块进行编码，生成 r 个线性组合并发送给云服务提供商。

（4）云服务提供商收到线性组合后进行解码，对于解码出的云端已有的文件块，云服务提供商将其丢弃。对于解码出的云端没有的文件块，检验其完整性。若完整性检验通过，文件块上传成功。若该去重请求中包含脏块，还需将脏块撤出脏块列表。

6.2.2　威胁模型

在构建威胁模型时，本章方案要考虑两个主要的威胁因素。首先，系统内可能存在潜在的攻击者，他们使用巧妙的侧信道攻击手段，试图窃取其他云用户的敏感文件。这些攻击者具备伪装成正常用户的能力，甚至可以伪造多个用户身份，以发起去重请求。通过仔细分析去重响应中关于上传数据块的要求，攻击者可以精确地推断目标文件中敏感信息的存在性。如果某个文件块在响应中被包含，攻击者便能推断该文件块是非重复的；反之，若文件块未在响应中，便表明它是重复块，从而导致存在性隐私的立即泄露。尽管云服务提供商可能会在响应中添加一些混淆用的非重复敏感块以阻挠攻击者，然而对于包含命中敏感块的去重请求，云服务提供商却无法在响应中准确地包含这些敏感块，因此难以保障在侧信道攻击下的安全性。

本章方案还考虑了随机块生成攻击的场景。在这种攻击中，攻击者通过添加一个或多个随机生成的数据块来执行更为复杂的攻击。这些随机块在云端的命中概率几乎可以被忽略。攻击者确保去重响应中所要求上传的块数至少等于随机块数量,以达到攻击的目的。然而,云服务提供商并不了解具体的随机块数量,因此无法精准地定位敏感块,更不可能在响应中包含这些敏感块。对于云端同一文件的请求,如果请求中包含相同数量且内容一致的随机块,云服务提供商可能会将其视为同一攻击者的请求,否则会视为来自不同攻击者的请求。这使得随机块生成攻击提高了整体安全性的不确定性,让云服务提供商难以确认请求的真实性。

6.3 方案框架

MBOS 框架如图 6.2 所示。MBOS 的完整流程始于对去重请求的初步分类,即根据重复块的比例和请求中脏块的存在情况进行分类。如果发现去重请求的文件是新文件,此时只需要上传其每一个块,因此不再需要混淆。否则,随后的处理在本节中详细讨论和执行。如图 6.2 所示,当用户 A 想要将一个新文件 F_a 上传到云端时,该文件被分割为等长度的块 $C_1, C_2, \cdots, C_N$,用户首先生成一个相应的请求 T_a,其中包括 N 个查询标签,并上传到云端进行去重处理。云服务提供商在收到请求后,分别检查每一个块的存在情况,发现请求中的文件是一个新文件。因此,它返回一个响应,要求用户上传 N 个缺失的块。用户 A 直接上传 $C_1, C_2, \cdots, C_N$,每个块在存储到云端之前,通过与请求中相应查询标签的哈希值比对进行检查。

对于用户 B,其请求上传一个相似的文件 F_b,包含了 $C_1, C_2, C'_3, \cdots, C'_N$,其中只有前两个块 C_1 和 C_2 与 F_a 中的块相同。在收到请求后,假设云服务提供商发现重复块的比例低于阈值 v_1,它计算要标记的块数,并直接执行标记混淆策略到 T_b。然后云服务提供商向用户 B 返回一个响应,需要 r_2 个线性组合。如图 6.2 所示,用户 B 在规定时间内未执行根据接收到的响应进行上传的过程。因此,云服务提供商将请求中的每个查询标签都添加到脏块列表 D_1 中。在后续的去重请求中,一旦包含至少一个脏块,就会触发脏块处理机制。

考虑用户 C 请求上传另一个相似文件 F_c,其中重复块的比例假定大于阈值 v_1。具体来说,请求中的 t_1 和 t_2 在脏块列表 D_1 中,只有 C_a 与 F_a 中的块不同。在接收到请求后,云服务提供商首先进行预处理,实现初步的混淆,能够降低响应中泄露边界值的概率。然后在返回完全混淆的响应 r_3 之前,执行设计好的标记混淆策略以及脏块处理机制。根据云服务提供商返回的响应,用户 C 生成并上传 r_3 个线性组合到云端,这些组合与云端存储中的 $N-1$ 个重复块一起被利用来恢复一个非重复块。然后云服务提供商在将其存储到本地存储前检验恢复块的完整性。最后,将 t_1 和 t_2 从脏块列表 D_1 中撤出。

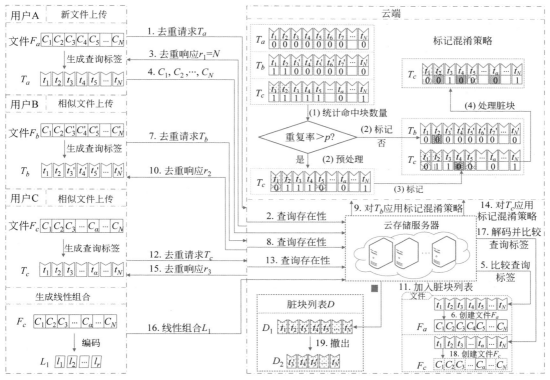

图 6.2　MBOS 框架

6.4　方案流程

本章方案设计需要考虑安全性和效率两个重要因素。在安全性方面,方案需要抵抗常规的侧信道攻击、随机块生成攻击,以及可能以统计形式发起的随机块生成攻击。而在效率方面,方案需要在应对这些攻击的同时,控制并有效减少所需的通信开销。

6.4.1　初始设置

用户在上传数据之前,首先将待上传的文件 F 分割成固定长度的分块,以确保最后一个分块的完整性。可以使用填充策略,使其长度与其他分块保持一致。这些处理完毕的分块称为$(C_1, C_2, \cdots, C_N)$。为每个分块生成标签(通常为文件块内容的哈希值),形成标签集 T,并将其作为去重请求发送给云服务提供商。若云服务提供商发现云端不存在任何分块标签,则可确认对应的文件块$(C_1,C_2,\cdots,C_N)$都不在云端中,要求用户上传所有文件块。否则,云服务提供商以响应r的形式返回给用户,要求根据r值对所有文件块进行编码,并生成对应的r个线性组合上传至云端。在命中文件或文件块的情况下,云端只保留一个副本。

在云端,云服务提供商接收到客户的去重请求后,首要任务是根据请求文件中命中块的比例以及是否存在脏块对请求进行分类。云服务提供商需要设定命中率阈值v、预处理标记数比例p_1和p_2。若请求文件的命中率超过阈值v,则会触发预处理机制。同时,云服务提供商还需设置参数p,在标记阶段以至少p的概率标记一个命中块,将其状态变为未命中。此外,云服务提供商需要维护一个脏块列表D,用于记录未正常上传或上传后未通过完整性检验的文件块。对于含有脏块的文件,云服务提供商还需要为每个脏块的标签设置对应的计数器s,记录脏块加入脏块列表的次数。

6.4.2 预处理和标记

预处理和标记流程如图 6.3 所示,当云服务提供商收到特定目标文件的去重请求时,首先通过比对请求文件块对应的标签与本地存储文件块标签来确定其在云端的存在性。为了提高混淆度、模糊化响应值,该机制会随机选择部分块并加以标记。这些块会被标记为未命中状态,不论其原始存在性如何。由于这些块是随机选择的,因此,即使是相同的去重请求,云端也能产生不同的响应值。具体而言,假设目标文件总共有N个块,其中H个为命中块,该机制以至少概率p将一个命中块标记为未命中状态。若请求文件的命中率H/N超过了设定的阈值v,就需要对该文件进行预处理,以确保返回值范围足够大。

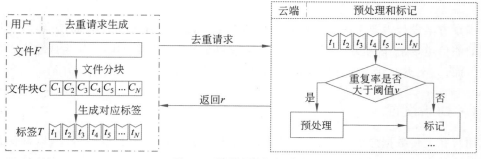

图 6.3 预处理与标记流程

针对需要进行预处理的文件,该机制在执行后续的标记混淆策略之前,会随机选择一定比例的块,将其设置为未命中状态。具体而言,命中率阈值 v 被设定为与 p 相等。当命中率大于 p 时,在不考虑预处理的情况下,只有一个块需要被标记。如果该块为命中块,则返回值 r 为 $N-H+1$。但如果该块为未命中块,则返回值 r 为 $N-H$,这时候 H 个命中块的存在性隐私将会立即泄露。实际上,此时返回值的区间为 $[N-H,N-H+1]$,恶意攻击者可以轻易利用这个特性,通过附加 $N-H$ 个随机生成的未命中块和这 H 个目标块一起生成去重请求,轻松地获取这些块的存在性隐私。为了解决这一问题,引入了预处理流程,在去重请求中随机选择 u 个块,不考虑它们的真实存在性,并将其标记为未命中状态。这里的 $u\in[N\times p_1,N\times p_2]$,且满足 $0<p_1<p_2<1$,这样做可以降低文件的命中率并扩大返回值的区间。这种方式大幅降低了出现 $N-H$ 的概率。此外,由于预处理块数是在一个随机区间内选择的,因此攻击者即使发起统计攻击也无法窃取目标块的存在性隐私。

为了进一步混淆返回值,在这个机制中引入了标记混淆策略。对于所有包含命中块的去重请求,都需要通过标记混淆策略以至少 p 的概率将一个命中块标记为未命中状态。值得注意的是,通过选择合适的 p 值,可以在安全性和效率之间找到平衡。p 值的增大表示更多的命中块可能会被标记,这提高了安全性,但相应地也增加了通信开销。在这个机制中,需要标记的文件块数被定义为 $k(k\in[1,N-H+1])$。在这 k 个随机选择的块中,至少有一个块为命中块的概率为 $1-\dfrac{C_{N-H}^{k}}{C_N^k}$,并且这个概率大于或等于预先设定的 p。为了找到满足这些条件的最小 k 值,即在确保安全性的同时保证最小通信开销,在区间 $[1,N-H+1]$ 中遍历 k,找到能够同时满足不等式(6-1)和不等式(6-2)的最小 k 值。

$$1-\frac{C_{N-H}^{k}}{C_N^{k}}\geqslant p \tag{6-1}$$

$$1-\frac{C_{N-H}^{k-1}}{C_N^{k-1}}< p \tag{6-2}$$

完成上述预处理和标记流程以后,云服务提供商会计算请求去重的文件此时包含的命中块数,并将其作为返回值 r 发送给用户。因为更多的块被视作了未命中块,因此极大地降低了云服务提供商返回 $N-H$ 的概率,即使在随机块生成攻击下,也能够很好地保护目标块的存在性隐私。

6.4.3 脏块处理

对于包含脏块的去重请求,一旦到达云端,就会触发脏块处理机制。与之前不同的是,这个脏块处理机制不需要将包含脏块的整个文件全部上传,而是为每一个脏块的标签设置一个相应的计数器,记录该脏块被加入脏块列表的次数,该值将决定后续脏块处理中需要标记的数量。此外,本章还引入了脏块撤出机制,以解决先前脏块处理机制中存在的巨额通信开销问题。

考虑一个含有脏块的去重请求 T_1,在到达云服务提供商后,完成预处理和标记后,会激活脏块处理流程。如图 6.4 所示,去重请求 T_1' 包含标签 $t_1,t_2,\cdots,t_N$,对应文件块 $C_1,C_2,\cdots,C_N$。其中,标签 t_1 和 t_4 对应的块 C_1 和 C_4 已存在于云端作为命中块,t_2 和 t_5 对应的块 t_2 和 t_5 位于脏块列表中,其余文件块为未命中块。云服务提供商首先比较 t_2 和 t_5 对应的计数器 s_2 和 s_5。若假设 s_2 大于或等于 s_5,则脏块处理流程中需要标记的块数为 $k+s_2$,其中 k 为标记时需要标记的块数。当 $k+s_2$ 大于或等于 N 时,请求中的所有块都需要上传。经过脏块处理后的去重请求 T_1' 以至少概率 p 标记 C_1 和 C_4 中的一个命中块时,将其更新为未命中状态。这样的设计不仅能确保随着脏块请求上传次数的变化,脏块处理所需标记的数量也随之变化,还能大幅降低返回最小边界值泄露目标块存在性隐私的风险。

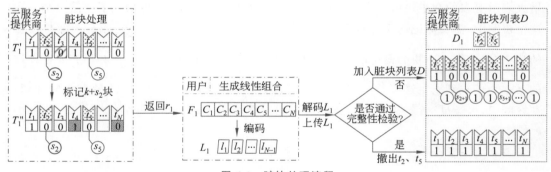

图 6.4 脏块处理流程

用户收到云端的响应后,若按照指示上传线性组合 L_1 并完成云端的文件块解码及完整性检验,那么 t_2 和 t_5 将会从脏块列表中撤出。在随后的去重请求中,如果再次出现这两个标签所对应的文件块,它们将不再被视为脏块进行处理。这一处理机制对其他正常用户而言,可大幅减少通信开销。但如果用户未及时上传所需的云端线性组合或解码后文件块未通过完整性检验,请求中的所有标签对应的文件块将被加入脏块列表 D。

6.4.4 编解码

客户需要根据云端响应的返回值来上传确定数量的文件块或线性组合。在编码技术的帮助下,即使攻击者接收到云端的返回值,也无法得知某一特定块的存在性。对于上述包含 N 个标签的去重请求来说,如果返回值 r 等于 N,则 N 个块直接上传而不需要进行编码。否则,当返回值 r 小于 N 时,则需要执行以下的编解码流程,交互图如图 6.5 所示。

图 6.5　客户端与云端编解码交互图

1. 在客户端执行编码流程

客户首先将文件块对应的标签作为去重请求上传至云端,当客户收到对应返回值 r $(r<N)$ 时,其将利用式(6-3)中 $r \times N$ 的范德蒙德矩阵对请求中的 N 个块 $C_1, C_2, \cdots, C_N$ 执行编码操作,使其编码成 r 个独立的线性组合。

$$V = \begin{pmatrix} 1 & 1 & & 1 \\ 1 & 2 & \cdots & 2^{N-1} \\ 1 & 3 & & 3^{N-1} \\ \vdots & & \ddots & \vdots \\ 1 & r & \cdots & r^{N-1} \end{pmatrix} \tag{6-3}$$

其中,第 $i, i \in \{1, \cdots, r\}$ 个线性组合可以按照式(6-4)计算:

$$m_i = \sum_{j=1}^{N} V_{i,j} C_j, \quad i \in \{1, \cdots, r\} \tag{6-4}$$

其中,$V_{i,j}$ 表示范德蒙德矩阵 V 中第 i 行、第 j 列的元素。然后用户将生成的线性组合 $m_1, m_2, \cdots, m_r$ 上传至云端保存。

2. 在云端执行解码流程

当云端接收到用户发来的 r 个线性组合以后,其从中随机选取 $w(w \leqslant r)$ 个。值得一提的是,w 为实际上的未命中块数量。随后,云服务提供商将这 w 个线性组合与云端已保存的 $N-w$ 个命中块一起进行解码,则可以解出 w 个未命中块的文件内容。具体来说,解码就是利用 $r \times N$ 的范德蒙德矩阵,并通过计算式(6-5)来恢复 N 个文件块。

$$C = \left(\begin{bmatrix} I_{N-w} \\ V_w \end{bmatrix} \right)^{-1} \begin{bmatrix} C_{N-w} \\ m_w \end{bmatrix} \tag{6-5}$$

6.5 安全性分析

定理 6-1：对于首次请求块级去重的低最小熵文件，攻击者根据 MBOS 返回的响应来窃取敏感信息存在性隐私的概率可以忽略不计。

证明：考虑一个由 N 个块组成的目标文件，其中 $H(H\in[1,N-1])$ 个块是攻击者感兴趣的目标块，其余的 $N-H$ 个块是随机生成的未命中块。显然，如果云端返回的响应中所需的线性组合数量 r 等于 $N-H$，那么 H 个目标块的存在性隐私就会立即泄露，其概率可以表示为 $P(r=N-H)$。特别地，这一事件在以下两种情况下发生：

(1) 当 $\frac{H}{N}>v_1$ 时，预处理中随机选择的 u 块均为未命中块（$u\in[N\times p_1,N\times p_2]$并且 $0<p_1<p_2<1$），该事件被定义为事件 A，其发生的概率为

$$P(A)=\frac{C_{N-H}^u}{C_N^u} \tag{6-6}$$

与此同时，事件 B 被定义为标记过程中随机选择的 k 个块（$k\in[1,N-H]$）也都是未命中块。那么在事件 A 发生的条件下，事件 B 发生的概率则是

$$P(B\mid A)=\frac{C_{N-H}^k}{C_N^k} \tag{6-7}$$

很明显，这一概率是小于或等于 $1-p$ 的，因为在 MBOS 里至少会以 p 的概率标记中一个命中块。通过条件概率的相关计算公式，可以得知事件 A 和 B 同时发生的概率则是

$$P(AB)=P(B\mid A)\times P(A)=\frac{C_{N-H}^k}{C_N^k}\times\frac{C_{N-H}^u}{C_N^u} \tag{6-8}$$

这一概率也是小于或等于 $1-p$ 的。显然，该事件等同于前述事件 $r=N-H$。因此，当给定的 p 足够大时，泄露存在性隐私的概率是可以忽略不计的。

(2) 当 $\frac{H}{N}\leqslant v_1$ 时，在标记过程中随机选择的 k 个块（$k\in[1,N-H]$）都是未命中块，这被定义为事件 B。在这种情况下不需要预处理，事件 B 也相当于事件 $r=N-H$，其发生的概率为

$$P(B)=\frac{C_{N-H}^k}{C_N^k} \tag{6-9}$$

这一概率是小于或等于 $1-p$ 的。

根据上面得到的结果，很明显，在 p 足够大的情况下，在响应中泄露下边界值的概率

接近 0,这意味着攻击者根据 MBOS 返回的响应来窃取敏感信息存在性隐私的概率可以忽略不计。

定理 6-2:对于去重请求里包含至少一个脏块的低最小熵文件,攻击者根据 MBOS 返回的响应来窃取敏感信息存在性隐私的概率可以忽略不计。

证明:考虑一个包含 N 个块的目标文件,其中 $H(H\in[1,N-1])$ 个块是攻击者感兴趣的目标块,其余的 $N-H$ 个块是随机生成的未命中块。假设该文件的某个去重请求中包含 n 个脏块($n\in[1,N]$),每个脏块的计数器依次为 $s_1,s_2,\cdots,s_n$,分别表示它们各自被加入脏块列表的次数。与定理 6-1 考虑的首次请求去重情况类似,如果云服务提供商在响应中需要用户上传的线性组合的数量 r 等于 $N-H$,则 H 个块的存在性隐私就会立即泄露,其概率可以表示为 $P(r=N-H)$。具体来说,这一事件在以下两种情况下发生:

(1) 当 $\dfrac{H}{N}>v_1$ 时,在脏块处理中随机选择的 $k+s_1$ 个块都是未命中块,这被定义为事件 C。定义 H' 为预处理和标记后状态为命中的块的数量。如果 $k+s_1$ 大于 $N-H'$,事件 C 就不会发生,因为在这种情况下至少有一个命中的块会被标记。如果 $k+s_1$ 小于或等于 $N-H'$,事件 C 发生的概率可以表示为

$$P(C)=\frac{C_{N-H'}^{k+s_1}}{C_N^{k+s_1}} \tag{6-10}$$

这一概率是小于 1 的。

具体来说,如果在预处理、标记和脏块处理这三个环节均未标记中命中块,则相当于事件 $r=N-H$ 发生,其发生的概率为

$$P(AB\times C)=P(AB)\times P(C)=\frac{C_{N-H}^u}{C_N^u}\times\frac{C_{N-H}^k}{C_N^k}\times\frac{C_{N-H'}^{k+s_1}}{C_N^{k+s_1}}=\frac{C_{N-H}^u}{C_N^u}\times\frac{C_{N-H}^k}{C_N^k}\times\frac{C_{N-H}^{k+s_1}}{C_N^{k+s_1}} \tag{6-11}$$

值得注意的是在这种情况下 $H'=H$,并且由于 $k+s_1>k$ 也意味着在这一轮会标记更多的块,因此 $P(C)=\dfrac{C_{N-H'}^{k+s_1}}{C_N^{k+s_1}}$ 是小于 $P(B)$ 的,所以总的概率小于 $(1-p)^2$。

考虑一个更复杂的情况,即一个或多个攻击者要求对某个目标文件反复地发起去重请求,次数最多为 $s_1(s_1\in[1,N-H'-k])$。假设对于每一次攻击,云服务提供商都返回 $r=N-H'$ 作为响应。那么泄露下边界值的数学期望可以表示为

$$E(ABC)=\sum_{s_1=1}^{N-H'-k}P(AB)\times\frac{C_{N-H'}^{k+s_1}}{C_N^{k+s_1}}<(N-H'-k)\times(1-p)\times\frac{C_{N-H}^k}{C_N^k}$$
$$\leqslant(N-H'-k)\times(1-p)^2 \tag{6-12}$$

期望是小于 1 的,除非 $N-H'-k$ 大于 $1/(1-p)^2$,但是当给定的 p 足够大时,这种情况发生的概率是可以忽略不计的。

(2) 当 $\dfrac{H}{N} \leqslant v_1$ 时,在脏块处理中随机选择的 $k+s_1$ 个块都是未命中块,这在前面已经被定义为事件 C。定义 H'' 为预处理和标记后状态为命中的块的数量。如果 $k+s_1$ 大于 $N-H''$,事件 C 就不会发生,因为在这种情况下至少有一个命中的块会被标记。如果 H'' 小于或等于 $N-H''$,事件 C 发生的概率可以表示为

$$P(C) = \frac{C_{N-H''}^{k+s_1}}{C_N^{k+s_1}} \tag{6-13}$$

由于在这种情况下没有预处理,如果在标记和脏块处理中均没有命中的块被标中,事件 $r=N-H$ 就会发生。这个概率可以表示为

$$P(B \times C) = P(B) \times P(C) = \frac{C_{N-H}^k}{C_N^k} \times \frac{C_{N-H''}^{k+s_1}}{C_N^{k+s_1}} = \frac{C_{N-H}^k}{C_N^k} \times \frac{C_{N-H}^{k+s_1}}{C_N^{k+s_1}} \tag{6-14}$$

考虑一个更复杂的情况,即一个或多个攻击者要求对某个目标文件反复地发起去重请求,次数最多为 $s_1(s_1 \in [1, N-H''-k])$。假设对于每一次攻击,云服务提供商都返回 $r=N-H''$ 作为响应。那么泄露下边界值的数学期望可以表示为

$$E(B \times C) = \sum_{s_1=1}^{N-H''-k} \left(\frac{C_{N-H}^k}{C_N^k} \times \frac{C_{N-H''}^{k+s_1}}{C_N^{k+s_1}} \right) < (N-H''-k) \times \frac{C_{N-H}^k}{C_N^k} \times \frac{C_{N-H}^k}{C_N^k}$$

$$\leqslant (N-H''-k) \times (1-p)^2 \tag{6-15}$$

期望是小于 1 的,除非 $N-H''-k$ 大于 $1/(1-p)^2$。同样地,当给定的 p 足够大时,这种情况发生的概率是可以忽略不计的。

根据上述分析,可以很明显地看出在 p 足够大的情况下,在返回的响应中泄露下边界值的概率接近 0。这意味着即使攻击者发起统计攻击,MBOS 也是安全的。

6.6 性能评估

本节基于 Enron Email 数据集和 Sakila Sample 数据集开展实验来评估 MBOS 的安全性和效率。具体来说,从第一个数据集中选择了 2204 个 25~30KB 的文件,从第二个数据集中选择了 172 个 19~20KB 的文件。Sakila Sample 数据集中的每个文件都是由几条记录合并而成的,这些记录的数量是经过精心挑选的,以使其大小在这个合适的范围内。为了实现块级数据去重,将每个文件分为固定长度的块,并采用填充策略以确保最后一个块的长度与其他块一致。对于每个文件,随机指定一定比例的块为敏感块,敏感块是

攻击者感兴趣的块,其余的是随机生成的未命中块。将 MBOS 与三个同领域方案 ZEUS、ZEUS$^+$ 和 CIDER 在泄露存在性隐私的概率和通信开销这两个方面进行了比较。为了开展实验,在亚马逊 EC2 实例上实现云服务提供商进程,而客户端进程则在装有 Intel Core i7-10875H CPU@3.3GHz、16GB RAM 和 7200 RPM 512 GB 硬盘的服务器上实现。所有算法均使用 Python 3.10.0 实现。本节展示的实验结果取 20 次独立重复实验的平均值。

6.6.1　安全性验证

本节将 MBOS 的安全性与三个同领域方案进行比较,即比较在正常去重请求下,通过响应泄露存在性隐私的概率。同时进一步评估 MBOS 在包含不同比例脏块时的泄露概率。具体来说,本节将请求去重的文件分为长度为 128B 的块,并引入填充策略以确保最后一个块的长度与其他块一致。为了验证方案的安全性,在每一个请求中,敏感块被设置为命中状态,其余块均为随机产生的未命中块。在这个实验中,如果云服务提供商在响应中要求用户上传的线性组合数量等于请求中随机生成的未命中块数量,敏感块的存在性隐私就被认为泄露。

在这部分实验中,首先考虑无脏块的正常去重请求。根据本节的设计,在 MBOS 的标记过程中,覆盖至少一个命中块的概率 p 被分别设置为 90%、95%、99%。在这种情况下,本节首先比较当敏感块的比例被设定为 10% 和 5% 时,响应返回下边界值的比例。特别地,ZEUS$^+$ 被排除在比较之外,因为在达到阈值之前,请求去重的块在响应生成过程中总是被认为是未命中的。两个数据集的结果如图 6.6 所示。

从图 6.6 可以看出,对于两个数据集,MBOS 响应返回下边界值的比例明显低于 ZEUS 和 CIDER。当敏感块比例为 10% 时,如图 6.6(a)所示,MBOS 响应返回下边界值的比例在 $p=90\%$ 时为 9.53% 和 9.88%,在 $p=95\%$ 时为 4.81% 和 5.00%,在 $p=99\%$ 时为 1.00% 和 0.99%,对于每个数据集都显著低于 CIDER 的 50% 和 50%,ZEUS 的 23.09% 和 41.86%。显然,随着 p 从 90% 增加到 99%,响应返回下边界值的比例稳步下降,因为在标记过程中至少有一个命中块被标记中的概率逐渐提高。相比之下,根据 CIDER 的响应表,对于一半的去重请求,响应都会返回下边界值。而对于 ZEUS,只有去重请求中的每一组块均不同时被命中时,响应才会返回下边界值。也就是说,在实验中出现下边界值时,任意两个敏感块不能被配对在一起,因为它们存在同时被命中的可能。因此,当敏感块比例相对较低(这与实际情况一致)时,去重响应泄露下边界值的概率维持在较高的水平。从图 6.6(b)可以看出,一旦敏感块比例下降到 5%,ZEUS 通过响应返回下边界值的比例就会急剧上升,在两个数据集中分别达到 70.19% 和 63.95%,这使得差距更

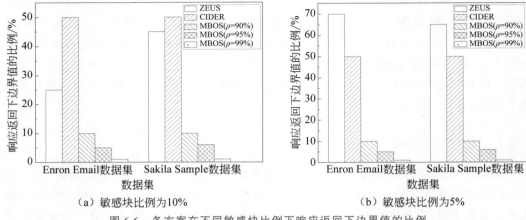

（a）敏感块比例为10% （b）敏感块比例为5%

图 6.6　各方案在不同敏感块比例下响应返回下边界值的比例

加明显。

接下来,本节考虑更复杂的去重请求含脏块场景下的安全性。在这部分实验中,p 的值被固定为 99%,敏感块比例被固定为 10%。然后观察 MBOS 在两个数据集上响应返回下边界值的比例。特别地,在每个请求中,脏块比例分别被设定为 10%,20%,$\cdots$,100%,而位置是随机指定的。为了简单起见,每个脏块都被设定为第一次出现。实验结果如图 6.7 所示。

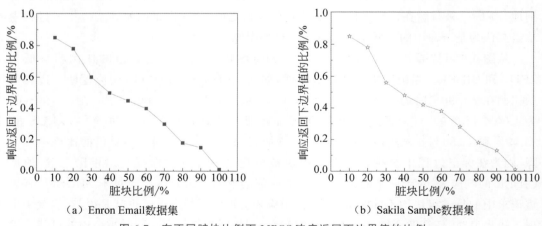

（a）Enron Email数据集 （b）Sakila Sample数据集

图 6.7　在不同脏块比例下 MBOS 响应返回下边界值的比例

从图 6.7 可以看出,MBOS 在两个数据集上,响应返回下边界值的比例分别为 0.87%,0.78%,$\cdots$,0.01% 和 0.88%,0.80%,$\cdots$,0.01%,维持在很低的水平。随着脏块比例的提高,响应返回下边界值的比例进一步降低,因为按照方案的设计,在脏块处理中会再开展一轮标记,使得至少标记中一个命中块的概率变得更大。因此,即使在统计攻击下,目标块的存在性隐私也得到了很好的保护。

6.6.2　通信开销比较

本节将对 MBOS 与其他三种方案在通信开销上开展比较。具体来说,两个数据集中的测试文件按照上文介绍的相同规则被分成长度为 128B 的块。在每一个去重请求中,敏感块被设置为命中状态,其余块均为随机生成的未命中块。与之前的实验类似,敏感块比例被设定为 10%。

具体地,为了覆盖一般情况,本节考虑去重请求中包含脏块的场景。在这部分实验中,比较了 MBOS($p=99\%$、$p=95\%$、$p=90\%$)与 ZEUS、ZEUS^{+} 和 CIDER 在两个数据集上的通信开销。特别地,ZEUS^{+} 的阈值被定义为 10。在每个请求中,脏块比例分别被设定为 10%,20%,…,100%。它们的位置均是随机指定的。与前面的实验假设类似,每个脏块都是第一次出现。实验结果如图 6.8 所示。

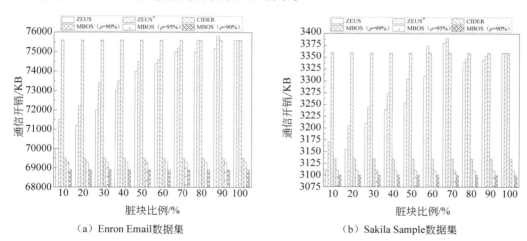

（a）Enron Email 数据集　　　　　（b）Sakila Sample 数据集

图 6.8　不同脏块比例下的通信开销比较

从图 6.8 可以看出,与 ZEUS、ZEUS^{+} 和 CIDER 相比,MBOS 的通信开销保持在一个相对较低的水平。随着脏块比例的提高,其优势更加明显。原因是在 MBOS 中,更高的脏块比例只是意味着在脏块处理中需要标记更多的脏块,付出的开销相当有限。而对于 CIDER 来说,一旦去重请求中包含至少一个脏块,请求中的所有块都会要求用户上传,通信开销远远超出 MBOS。对于 ZEUS 和 ZEUS^{+} 来说,请求去重的块被按照两块为单位划分为组,组内包含至少一个脏块,则组中的两个块均会要求用户上传。所以相比 CIDER,通信开销有所节省,但是仍然远远高于 MBOS。

6.7 本章小结

　　首先,本章介绍的方案 MBOS 是首个从抵抗随机块生成攻击的角度出发,实现云数据安全去重的。相较于先前的方案,MBOS 为解决云数据跨用户去重的安全问题带来了全新的思路。通过设定参数 p,MBOS 允许在安全性和效率之间实现动态平衡。其具体工作流程是:根据去重请求中数据块的命中率计算需要标记的块数,以确保至少有一个命中块能够以高概率被标记成未命中状态;然后对请求中的文件块进行随机标记,无论是否被命中,被标记的文件块都视为未被命中处理。这种机制还将标记混淆策略拓展到脏块处理中。当去重请求包含脏块时,会增加一轮脏块标记处理。若某些脏块反复被请求上传时,其相应计数器的值会递增,进而可能增加后续脏块处理中标记的块数。标记数量的不确定性和递增性极大地降低了攻击者通过反复上传请求窃取边界值的可能性,使得攻击者几乎无法从返回值 r 推断出敏感信息在云端的存在性。

　　其次,在效率方面,相较其他方案,MBOS 在脏块处理上具有更小的通信开销。在先前的方案中,当检测到去重请求中存在脏块时,要求用户上传所有请求中的文件块。然而,MBOS 采用脏块标记处理,通过进一步的混淆,上传的文件块数量大概率低于文件块总数,因而显著减少了通信开销。此外,为了进一步降低通信开销,MBOS 首次提出了脏块撤出机制。一旦被加入脏块列表的文件块在后续流程中被正常上传,该文件块将从脏块列表中撤出。因此,之后包含该文件块的请求不会再触发脏块处理机制,进一步降低了通信开销。

第 7 章

抗随机块生成攻击的轻量级云数据安全去重

7.1 引言

为了克服基于双块配对的响应生成方案存在的局限性,Vestergaard 等提出了一种新颖的基于编码的云数据安全去重方案 CIDER。这个方案允许用户一次性检查两个或更多的数据块在云端的存在性,并生成一个统一的去重响应。只要请求中存在命中块,云服务提供商在去重响应中就会要求用户上传指定数量的线性组合。为了确保云端能够根据用户上传的线性组合解码出所有的未命中块,响应中要求用户上传的线性组合的最小数量被设置为未命中块数量。然而,这个方案仍然无法抵抗随机块生成攻击。考虑由目标敏感块和随机生成的未命中块组成的去重请求,一旦云服务提供商返回的去重响应中要求用户上传的线性组合数量恰好等于随机生成的未命中块数量,攻击者即可推断出所有的目标敏感块全部被命中。为了在响应要求用户上传的线性组合数量上实现混淆,第 6章介绍了一种标记混淆策略。简单来说,云服务提供商会在生成响应之前随机标记请求去重的多个块为未命中块,而不考虑它们的真实存在状态。这种策略有效地降低了下边界值在响应中出现的概率,因此在一定程度上可以抵抗随机块生成攻击。然而,为了实现安全性,引入标记混淆策略导致用户需要上传的线性组合数量大幅增加。这将给资源有限的用户带来额外的通信开销,这是一个需要进一步研究和解决的问题。

此外,CIDER 和标记混淆策略都无法有效抵抗以统计方式发起的随机块生成攻击。具体来说,只要在去重响应中没有成功窃取目标块的存在性隐私,攻击者就可以通过替换目标块的内容来重新生成另一个新的去重请求。考虑以下场景,攻击者可以构造一个由随机生成的未命中块和其感兴趣的目标块组成的去重请求发送给云端,这些随机生成的块每次都可以很容易地生成,因此不会被添加到脏块列表中。当目标块的数量足够少时,这种攻击是非常危险的。此时,攻击者很容易在单个去重请求中同时命中这些目标块,攻击者一旦猜对,响应中要求上传的线性组合数量将等于随机块数量,目标块存在性隐私将泄露。如果没同时猜对,攻击者完全可以重新生成所有的目标块和随机块,以避免它们进入脏块列表。在极端的情况下,攻击者完全可以在单次请求中只检查一个目标块的存在状态,通过遍历这个目标块的所有可能版本窃取其存在性隐私。在攻破这个目标块之后以相同的方式轮流检查其他目标块,以此可极大地提高在去重响应中泄露下边界值的概率。虽然在响应中可引入冗余,通过增加要求用户返回的线性组合数量的方式能够提高在统计形式随机块生成攻击下的安全性,然而,即使增加了大量的通信开销,一旦下边界值泄露,目标块的存在性隐私仍将泄露。因此,如何在最小化客户通信开销的条件下实现抗统计性随机块生成攻击的安全性,是本章方案所需解决的重点问题。

在这个背景下,本章将介绍一种新的抗随机块生成攻击的跨用户去重方案(random chunks generation attack resistant cross-user deduplication scheme,RRDS)。具体来说,当某个去重请求中的目标块数量大于 1 时,由于同时正确生成它们的难度很大,因此用户数据的安全性可以得到有效保证。即使请求中只包含一个目标块,它的存在性隐私仍然受到本方案设计的响应生成机制的保护。在保证安全性的基础上,本章进一步提出了一种轻量级脏块处理机制,以提高抵抗统计性随机块生成攻击的效率。简单来说,在生成响应之前,将请求中的脏块视为未命中块,再开展一轮标记。本章在实验中证明了本方案的安全性。本章的主要贡献总结如下:

(1)本章提出了一种新型的抗随机块生成攻击的跨用户去重框架,该框架使云服务提供商能够根据去重请求中包含的未命中块数量自适应地采用不同的响应生成机制。在这个框架的帮助下,本章方案可以成功抵抗随机块生成攻击以及统计性随机块生成攻击。

(2)在该框架下,本章设计了一种特定的去重响应生成机制。具体来说,在攻击者发起统计性随机块生成攻击的情况下,无论去重请求中包含多少随机生成的块,云服务提供商都能够根据该机制生成混淆的响应。

(3)本章对 RRDS 进行了安全性分析,并在真实数据集上进行了实验,以评估其性能。安全性分析和实验结果表明,RRDS 能够以较小的通信开销在随机块生成攻击和统计性随机块生成攻击下实现安全去重。这些实验结果表明本章方案具有有效性和实用性。

7.2 准备工作

7.2.1 系统模型

如图 7.1 所示,在通用的块级别跨用户去重方案的系统模型中,包含两种实体:用户和云服务提供商。

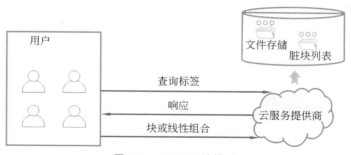

图 7.1　RRDS 系统模型

（1）用户：这指的是希望将数据传送到云端存储以减轻其本地存储和管理开销的实体。首先，用户将待上传的文件 F 分割成固定长度的块，并计算每个块的加密哈希函数作为查询标签。为了确认特定块是否存在于云端，用户向云服务提供商发送查询标签，并据此在指定的时间内上传所需数量的线性组合。

（2）云服务提供商：这是为用户提供存储服务的实体。为了减少冗余存储和管理开销，相同数据在云端只存储一个副本。具体地说，当收到文件 F 的查询标签时，云服务提供商将这些标签与本地存储的标签进行比较，以确定其存在状态。对于已存储的块，云服务提供商会根据 7.4.1 节中介绍的响应生成机制返回去重响应，从而阻止进一步的上传。此外，云服务提供商还会维护一个脏块列表数据结构。如果在规定时间内未收到所需的块或线性组合，云服务提供商会将去重请求中包含的数据块标签全部添加到脏块列表中。值得注意的是，本章方案的系统模型延续第 6 章方案的系统模型，单个请求中的标签数量没有限制，云服务提供商会根据这些标签的存在状态生成去重响应。

7.2.2　威胁模型

上述场景所面临的主要安全威胁源自外部攻击者，他们可能伪装成合法的用户，通过侧信道攻击来窃取目标块的存在性隐私。一些现有方案中，假设攻击者能够以统计方式根据确定性响应推断目标块的存在性隐私。简而言之，攻击者可以生成多个去重请求，每个请求中的目标块都是一个独立版本。一旦所需块或线性组合的数量等于请求中非目标块的数量，攻击者就能推断出请求中的所有目标块已存储在云端。这种攻击可以被脏块处理机制有效应对，因为即使攻击者多次发起特定目标块的去重请求，请求中的非目标块也会被标记为脏块。这样，在后续的去重请求中，用户总是被要求上传所有的请求块。

此外，本章还考虑了随机块生成攻击和更复杂的统计攻击。攻击者可以预先生成随机的未命中块，将它们与目标块的查询标签结合构成去重请求。当响应所需块或线性组合的数量与随机块数量相匹配时,目标块的存在性隐私就会泄露。当请求中包含的目标块数量较少时,这种攻击难以抵抗,因为攻击者可以以较高概率同时生成这些少量目标块的正确版本。随着请求中目标块数量的增加,隐私泄露的风险降低,因为同时生成它们的正确版本变得更加困难。在极端场景下,攻击者甚至可以在一次请求中只检查单个目标块的存在状态。通过猜测目标块的值并替换其他块为随机生成的未命中块,攻击者可以发起统计攻击。如图 7.2 所示,假设文件由 N 个块组成,其中 n 个块是攻击者感兴趣的目标块。攻击者逐一检查单个目标块的存在性,即每个目标块每次与 $N-1$ 个不同的随机块一起检查。由于 $N-1$ 个随机块每次都可以被重新生成以避免被添加到脏块列表中,攻击者能够重复此去重检查过程,直到响应要求上传 $N-1$ 个线性组合时,攻击者即可获知目标块的存在性。在随机块生成攻击场景中,对于低最小熵的目标块,攻击者可以遍历其所有可能的版本,因此,无论攻击者感兴趣的目标块数量如何,它们的存在性隐私都可能被依次推断出来。

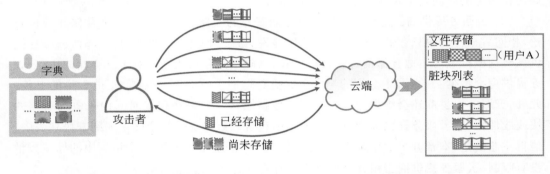

图 7.2   威胁模型

7.3   方案框架

RRDS 算法框架如图 7.3 所示,它由三个基本模块组成:请求模块、响应生成模块、上传和存储模块。RRDS 算法如算法 1 所示。请求模块让用户生成待上传文件的查询标签,并将这些标签作为去重请求发送给云服务提供商,请求待上传文件的云端存在状态。无论块是否存储于云端,用户在请求模块中都执行相同的操作。响应生成模块包括混淆策略,由轻量级脏块处理机制和自适应响应生成机制两部分组成。脏块处理机制旨在降低抵抗统计性侧信道攻击的通信开销,自适应响应生成机制则根据请求中的未命中块数

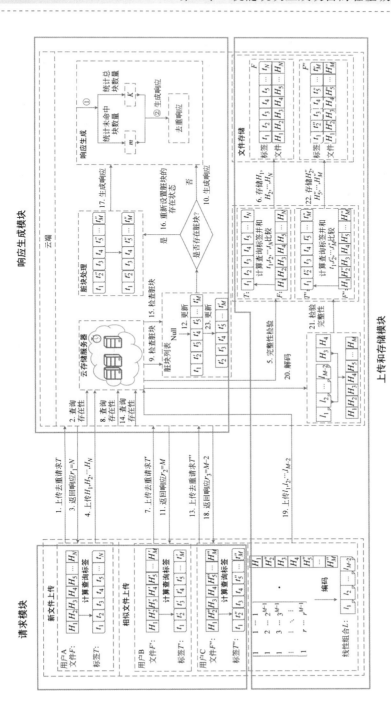

图 7.3 RRDS 算法框架

量生成无差别响应。上传和存储模块结合了编码和解码过程。用户在上传数据前需要根据响应生成指定数量的线性组合并发送到云端,云服务提供商解码并存储这些信息。解码存储的过程中会自动消除已经存储的冗余块,以确保存储效率。

如图 7.3 所示,在请求模块中,用户 A、用户 B 和用户 C 分别上传查询标签 $(t_1, t_2, \cdots, t_N)$、$(t_1, t'_2, t'_3, \cdots, t'_M)$ 和 $(t_1, t''_2, t_3, t_4, t''_5, \cdots, t''_M)$。这三组标签对应的场景分别针对新文件 $F = (H_1, H_2, \cdots, H_N)$、相似文件 $F' = (H_1, H'_2, H'_3, \cdots, H'_M)$ 和另一个相似文件 $F'' = (H_1, H''_2, H_3, H_4, H''_5, \cdots, H''_M)$。当云服务提供商接收到这些标签后,触发响应生成机制。对于新文件 F(算法 1 的 case 1),因为它是一个新文件,响应需要用户上传 N 个块。对于文件 F'',云服务提供商首先发现 H_1 是一个脏块,因此在生成响应之前将其视为未命中块(算法 1 的 case 3)。利用所提出的响应生成机制,最终云服务提供商将混淆后的响应 $r_2 = M$ 和 $r_3 = M - 2$ 分别返回给用户 B 和用户 C。在后续的上传和存储模块中,用户 A 根据响应 $r_1 = N$ 上传 $H_1, H_2, \cdots, H_N$。而对于用户 B,在规定的时间内未上传所需的块(算法 1 的 case 2),导致所有对应的标签 $t_1, t'_2, t'_3, \cdots, t'_M$ 被添加到脏块列表中。对于用户 C,其上传 $M - 2$ 个编码后的线性组合 $l_1, l_2, \cdots, l_{M-2}$。基于这些线性组合,云服务提供商成功解码并存储了 $M - 3$ 个真实未命中块 $H''_2, H''_5, \cdots, H''_M$。

算法 1   RRDS 算法

设置:云服务提供商算法维护一个脏块列表 L 和一个文件数据库 F。
输入:去重请求 $\{t_i\} = \{t_1, t_2, \cdots, t_N\}$ $(i \in [1, N])$。
 1: for $i = 1$ to N
 2: 查询 $F(t_i)$ 的云端存在状态
 3: end for
 4: if $F\{t_i\} = 0$ $(i \in [1, N])$ (case 1)
 5: 返回响应 $r = N$
 6: else
 7: if $\{t_i\} \cap L \neq \phi$ $(i \in [1, N])$ (case 3)
 8:    将 $\{t_i\} \cap L$ 标记为未命中块
 9: end if
10: 统计未命中块数量
11: 返回去重响应 r
12: end if
13: if 没有在规定时间内接收到正确的数据块或线性组合 (case 2)
14: 将块 $\{t_i\}$ 添加到脏块列表 L $(i \in [1, N])$
15: else
16: 将未命中块存储到文件数据库 F
17: end if

值得一提的是,尽管 RRDS 的流程似乎类似于 CIDER,然而其中的关键技术响应生成机制完全不同。RRDS 主要针对 CIDER 在随机块生成攻击下存在的安全漏洞而设计。此外,为解决 CIDER 在统计性侧信道攻击下效率低下的问题,RRDS 采用了轻量级脏块处理机制来最小化安全去重技术所需的通信开销。

7.4　方案流程

7.4.1　去重响应生成

一个去重请求包含 N 个查询标签,其中有 m 个标签对应的块是未被命中的。云服务提供商在接收到这个请求后,根据所采用的脏块处理机制,在生成去重响应之前改变了脏块的存在状态。表 7.1 展示了当 m 的值为 0 或 1 时的情形,云服务提供商会返回一个响应,要求用户上传一个线性组合。在这种情况下,由于用户无法根据响应确定未命中块的数量,实现了混淆。考虑一个极端场景,攻击者上传了一个包含一个敏感块和 $N-1$ 个随机生成的未命中块的去重请求。根据表 7.1 中的信息,无论请求中的敏感块是否已存储在云端,云服务提供商都会返回一个响应,要求用户上传 N 个请求块。这使得攻击者无法简单地从响应中推断出敏感块的存在状态。

表 7.1　RRDS 响应表

未命中块数量 m	响应 r	相应 r
0	1	1
1	1	1
2	$\in \{2,\cdots,r_2\}, r_2 \geq 3$	2
...	...	...
i	$\in \{i,\cdots,r_i\}, r_i \geq i+1$	i
...	...	...
$N-1$	N	N
N	N	N

在其他场景中,考虑了表 7.1 右侧的设计,即响应所需的线性组合数量与未命中块数量相匹配。这种设计方式旨在最大限度减少通信开销,同时确保去重方案的安全性。尽

管表 7.1 左侧的设计引入了更多的通信开销来实现混淆,但在实际攻击场景中,这种安全优势可以忽略不计,因为攻击者正确生成多个目标块的概率非常低。因此,在这里只考虑表 7.1 右侧的简化表格。当某个请求中的未命中块数量 m 为 $2 \sim N-2$,响应要求用户上传 m 个线性组合。基于 7.4.3 节介绍的解码原理,云服务提供商只需利用 $N-m$ 个云端存储的命中块来恢复这 m 个未命中块。考虑到随机块生成攻击的情况,如果攻击者试图获取 $N-m$ 个目标块的存在性隐私,就会将这些目标块与 m 个随机生成的未命中块一起构造去重请求。只有当请求中的 $N-m$ 个目标块同时被命中时,攻击者才能从响应中推断它们的存在性隐私。否则,如果 $N-m$ 个目标块中只有部分被命中,攻击者只能根据响应推断命中块的数量,而无法确定它们的确切位置。实际上,同时正确生成多个目标块是相当困难的。因此,这种方案被认为对于随机块生成攻击是安全的,并且引入的额外通信开销是最小化的。

7.4.2　脏块处理

传统的脏块处理机制通常导致较大的通信开销,因为只要请求中存在一个脏块,去重响应就要求用户上传所有请求块。为了解决这一问题,本章方案设计中考虑了一种解决方案:如果去重请求中包含一个或多个脏块,那么在响应生成过程中,这些脏块将被视为未命中块,而无须考虑它们是否实际存储在云端。以图 7.3 中相似文件 F'' 的去重请求为例,在这个过程中,如果 H_1 被标记为脏块,那么它对应的查询标签 t_1 将被更新为蓝色,无论 H_1 是否实际存储在云端,云服务提供商都将其标记为未命中块。接着,在重新计算请求中未命中块数量后,云服务提供商会调整未命中块数量,例如从 $M-3$ 调整为 $M-2$。因此,云服务提供商返回给用户的响应要求上传 $M-2$ 个线性组合,而不是请求块本身的数量 M。需要特别说明的是,一旦用户 C 成功上传指定数量的线性组合并进行解码、完整性检验后,标签 t_1 将从脏块列表中移除。这意味着即使后续请求包含 H_1,也不会再触发脏块处理机制。

基于这种设计原理,本章方案以轻量级方式有效地抵抗了统计性侧信道攻击。考虑攻击者构造去重请求的一种情况:攻击者构造了一个去重请求,其中包含多个目标块。即使响应没有揭示这些目标块的存在状态,攻击者中断数据上传过程并替换其中的一个或多个块,根据设计的脏块处理机制(见图 7.4),剩余的请求块仍被视为未被命中的。因此,系统仍然能够生成混淆的去重响应。在这种情况下,实际上在 7.5 节中已经证明了泄露存在性隐私的概率是可以忽略不计的。

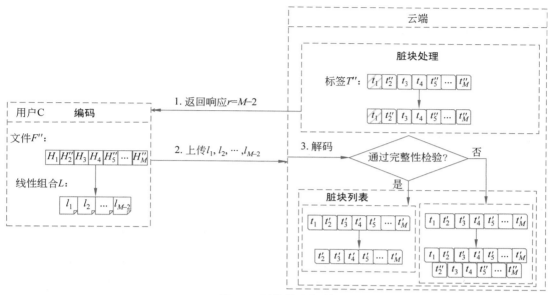

图 7.4 脏块处理机制

7.4.3 编解码

本节将介绍编码和解码的过程,类似于 CIDER 中所采用的步骤,即使在用户不知道具体需要哪些请求块的基础上,云服务提供商依然能够根据接收到的线性组合来恢复请求中的未命中块。具体步骤如下。

步骤 1:客户端编码。假设某个请求中包含 N 个块,响应要求的块或线性组合的数量为 r,如果 r 小于 N,则要求用户结合 $r \times N$ 范德蒙矩阵 $\boldsymbol{V}$ 对请求中的块进行编码。具体地,定义 $v_{i,j}$ 为 $\boldsymbol{V}$ 中第 i 行第 j 列的元素($1 \leqslant i \leqslant r, 1 \leqslant j \leqslant N$),$H_j$ 为请求中的第 j 个块。通过有限域中的矩阵乘法,计算 r 个独立的线性组合 $L = (l_1, l_2, l_3, \cdots, l_r)$:

$$l_i = \sum_{j=1}^{N} v_{i,j} H_j, \quad i \in [1, r] \tag{7-1}$$

步骤 2:云端解码。在接收到所需的线性组合后,云服务提供商根据式(7-2)恢复请求中的未命中块。在式(7-2)中,$\boldsymbol{I}_{N-r}$ 被定义为 N 型单位矩阵的前 $N-r$ 行,$\boldsymbol{V}_r$ 为 r 行的范德蒙德矩阵,$\boldsymbol{L}_r$ 为 r 个线性组合,$\boldsymbol{H}_{N-r}$ 为 $N-r$ 个云端的命中块。

$$\boldsymbol{H} = \left(\begin{bmatrix} \boldsymbol{I}_{N-r} \\ \boldsymbol{V}_r \end{bmatrix} \right)^{-1} \begin{bmatrix} \boldsymbol{H}_{N-r} \\ \boldsymbol{L}_r \end{bmatrix} \tag{7-2}$$

7.5 安全性分析

定理 7-1：通过上传不含脏块的去重请求，方案泄露敏感块存在性隐私的概率可以忽略不计。

证明：考虑包含 N 个块的查询标签的去重请求，其中 t（$1 \leqslant t \leqslant N$）个查询标签对应的块被认为是目标块，其余 $N-t$ 个块是随机生成的未命中块。定义事件 A 为请求中 d（$0 \leqslant d \leqslant t$）个目标块同时被命中，其概率可表示为

$$P(A) = \binom{t}{d}\left(\frac{1}{v}\right)^d \left(1 - \frac{1}{v}\right)^{t-d} \tag{7-3}$$

在式（7-3）中，$\binom{t}{d}$ 是一个二项式因子，v 被定义为所有目标块可能版本数量的平均值，这意味着它们中的每一个在离线字典攻击下以 $1/v$ 的概率是被命中的。接下来，将事件 B 定义为 d 个目标块的存在性隐私被泄露的情况。当 B 在 A 的条件下发生时，概率可以表示为

$$P(B \mid A) = \begin{cases} 0, & 0 \leqslant d \leqslant 1 \text{ 或 } N-1 \leqslant d \leqslant N \\ \dfrac{1}{\binom{t}{d}}, & \text{其他} \end{cases} \tag{7-4}$$

一旦 $0 \leqslant d \leqslant 1$ 或 $N-1 \leqslant d \leqslant N$，请求最多包含一个或至少包含 $N-1$ 个命中块。根据响应生成机制，对应的响应固定为 N 或 1，这意味着响应要求用户上传请求中的每一个块或单个线性组合。此时实现了响应混淆，从而在两种情况下均为 $P(B \mid A)=0$。否则，返回响应值 $r=N-d$。在这种情况下，攻击者可以通过响应分析得到命中块数量为 d。然而，对于每个可能的组合，目标块同时被命中的概率是 $\dfrac{1}{\binom{t}{d}}$。

在随机块生成攻击下，只有当事件 A 和 B 同时发生时，d 个目标块的存在性隐私才会被泄露出来，其概率定义为

$$P(AB) = P(A) \times P(B \mid A) = \begin{cases} 0, & 0 \leqslant d \leqslant 1 \text{ 或 } N-1 \leqslant d \leqslant N \\ \left(\dfrac{1}{v}\right)^d \left(1 - \dfrac{1}{v}\right)^{t-d}, & \text{其他} \end{cases}$$

$$\tag{7-5}$$

当 $d>1$ 时，$P(AB)$ 小于 $\left(\dfrac{1}{v}\right)^d$。因此 $P(AB)$ 的最大值小于 $\left(\dfrac{1}{v}\right)^2$。只要字典足够大，$P(AB)$ 就接近 0。因此，敏感块的存在性隐私得到了很好的保护。值得一提的是，即使攻击是针对单个敏感块反复执行的，RRDS 仍然能够实现安全性，因为在这种情况下，d 的值实际上是 0 或 1，$P(AB)=0$。

定理 7-2：通过上传含有脏块的去重请求，方案泄露敏感块存在性隐私的概率可以忽略不计。

证明：假设在统计性侧信道攻击下，攻击者生成的第一次去重请求由 t 个目标块组成，其中 $d(0\leqslant d\leqslant t)$ 个是被命中的，其概率可以表示为 $\dbinom{t}{d}\left(\dfrac{1}{v}\right)^d\left(1-\dfrac{1}{v}\right)^{t-d}$。由于第一次去重响应并没有泄露 t 个目标块的存在性隐私，因此攻击者替换其中的 $c(1\leqslant c\leqslant t)$ 个目标块以构造一个新请求。其中 $x(0\leqslant x\leqslant c)$ 个块选自前一次请求中的 $t-d$ 个未命中块，其余 $c-x$ 个块来自剩下的 d 个命中块。将事件 C 定义为：在 c 个被替换的块中，有 $h(0\leqslant h\leqslant x)$ 个命中块。值得一提的是，这 h 个块只可能来自所选择的 x 个未命中块，因为其他命中块肯定被替换为未命中块。因此，第二个请求中的相应概率可以表示为 $\dbinom{d}{c-x}\dbinom{t-d}{x}\dbinom{x}{h}\left(\dfrac{1}{v-1}\right)^h\left(1-\dfrac{1}{v-1}\right)^{c-h}$。同时考虑这两个请求，事件 C 的概率可表示为

$$P(C)=\binom{t}{d}\left(\frac{1}{v}\right)^d\left(1-\frac{1}{v}\right)^{t-d}\binom{d}{c-x}\binom{t-d}{x}\binom{x}{h}\left(\frac{1}{v-1}\right)^h\left(1-\frac{1}{v-1}\right)^{c-h}$$

$$(7\text{-}6)$$

然后，将事件 D 定义为 h 个替换块的存在性隐私泄露给攻击者。当 D 在 C 的条件下发生时，概率可以表示为

$$P(D\mid C)=\begin{cases}0, & 0\leqslant h\leqslant 1\ \text{或}\ t-1\leqslant h\leqslant t\\[2mm]\dfrac{1}{\dbinom{c}{h}}, & \text{其他}\end{cases}\qquad(7\text{-}7)$$

在收到第二个请求之前，云服务提供商会将第一个请求中的块标记为脏块，并依次将其视为未命中块。值得一提的是，攻击者实际上不可能借助命中块和脏块来检查目标块的存在性隐私。因为如果攻击者没有根据第一次去重请求的响应完整上传，那些对应的重复块将在下一次被标记为脏块。即使完整上传，攻击者仍然不确定第二次请求中的命中块是否属于目标文件。类似于定理 7-1 的证明，一旦 $0\leqslant h\leqslant 1$ 或 $t-1\leqslant h\leqslant t$，响应值

将固定为 t 或 1,从而实现完全混淆。否则,响应值为 $r=t-h$,则攻击者成功定位 h 个命中块的概率为 $\dfrac{1}{\dbinom{c}{h}}$。

在统计性侧信道攻击下,只有在事件 C 和 D 同时发生时才会泄露 h 个目标块的存在性隐私,其概率定义为

$$P(CD) = P(C) \times P(D \mid C)$$

$$= \begin{cases} 0, & 0 \leqslant h \leqslant 1 \text{ 或 } t-1 \leqslant h \leqslant t \\ \dbinom{t}{d}\left(\dfrac{1}{v}\right)^{d}\left(1-\dfrac{1}{v}\right)^{t-d}\dbinom{d}{c-x}\dbinom{t-d}{x} \cdot \\ \dbinom{x}{h}\left(\dfrac{1}{v-1}\right)^{h}\left(1-\dfrac{1}{v-1}\right)^{c-h}\dfrac{1}{\dbinom{c}{h}} \end{cases}, \quad \text{其他}$$

(7-8)

特别地,当 $P(CD)$ 不等于 0 时,式(7-8)可以简化为

$$P(CD) = \omega \cdot \left(\dfrac{1}{v}\right)^{d}\left(1-\dfrac{1}{v}\right)^{t-d}\left(\dfrac{1}{v-1}\right)^{h}\left(1-\dfrac{1}{v-1}\right)^{c-h} \quad (7\text{-}9)$$

小于 $\omega \cdot \left(\dfrac{1}{v-1}\right)^{h+d}$,其中 $\omega = \dfrac{t!\,(c-h)!}{(c-x)!\,(d-c+x)!\,(t-d-x)!\,(x-h)!\,c!}$,$0 \leqslant h \leqslant x \leqslant c \leqslant t$。由于在实际的去重场景中,某一请求中的块数通常远小于特定目标块的可能版本数量,因此 $P(CD)$ 接近 0。这意味着,即使在统计性侧信道攻击下上传包含脏块的去重请求,泄露目标块存在性隐私的概率也可以忽略不计。

7.6 性能评估

本节将在两个真实世界的数据集 Enron Email 和 Linux-logs 上进行实验,以比较 RRDS 与其他三个方案 ZEUS、RARE 和 CIDER 在安全性和通信开销方面的差异。本节在亚马逊 EC2 实例上实现云服务提供商进程,在配备 Intel Core i7-10875H CPU@3.3 GHz、16 GB RAM 和 7200 RPM 512 GB 硬盘的服务器上实现客户端进程。所有算法均采用 Python 3.10.0 实现。本节展示的实验结果取 20 次独立重复实验的平均值。

7.6.1　存在性隐私泄露概率验证

本节将通过随机块生成攻击下泄露存在性隐私的概率来比较 RRDS 与其他三种方案的安全性。对于所选的两个数据集,假定攻击者分别对电子邮件或 Linux 日志的特定内容感兴趣,这些内容位于文件的固定部分。在实验之初,首先将两个数据集中的文件分别划分为长度相等的块,并引入填充策略以保证最后一个块的完整性。具体地,分别选择 15 个块作为两个数据集文件中的目标块,其中每个块具有 260 610、244 513、223 042、209 607、94 474、89 055、83 958、79 390、61 789、58 847、56 260、51 904、49 899、47 999、46 138 和 469、460、408、381、366、374、352、345、351、340、321、311、302、306、299 个可能版本。为了得到这些数据,首先对每个数据集中的所有文件进行排列,然后统计与目标文件相同位置对应的块的数量。值得一提的是,这些块属于其他文件,内容与目标文件不同。

在设计的随机块生成攻击下,去重请求由目标块和随机块组成。一旦响应所需的线性组合数量等于随机生成的块的数量,目标块的存在性隐私立即被泄露。这意味着要检查单个请求中多个目标块的存在状态,攻击者必须同时正确地生成它们。以 Enron Email 数据集为例,即使一个请求中只有两个目标块,考虑到可能的版本数量,两者都被命中的概率也至多为 $\dfrac{1}{47\ 999 \times 46\ 138}$,可以忽略不计。因此,这里只考虑请求包含单个目标块的情况。具体地,如果存在性隐私没有被泄露,则请求中的目标块完全可以被攻击者替换。由于随机块很容易重新生成,因此后续请求中的块都不会被添加到脏块列表中。重复上述过程以遍历目标块的所有可能版本。对选择的 15 个目标块执行相同的操作,然后统计泄露的目标块数量。隐私泄露的概率等于泄露的目标块数量除以目标块总数。表7.2 显示了两个数据集的实验结果。

表 7.2　存在性隐私泄露概率的比较

方　　案	Enron Email	Linux-logs
RRDS	0	0
CIDER	0.58	0.46
ZEUS	1	1
RARE	0.5	0.5

实验结果表明,RRDS 能够很好地抵抗随机块生成攻击。例如,在 Enron Email 数据集上,RRDS 的隐私泄露概率为 0,明显低于 CIDER 的 0.58、ZEUS 的 1 和 RARE 的 0.5。同样,在 Linux-logs 数据集上,RRDS、CIDER、ZEUS 和 RARE 的结果分别为 0、0.46、1 和 0.5。原因是,当目标块数量为 1 时,无论目标块是否被命中,RRDS 都需要用户上传每一个请求块。相比之下,CIDER 的泄露概率为 0.46。这是因为如果目标块被正确生成,CIDER 将以 0.5 的概率返回下边界值,这不可避免地使目标块的存在隐私受到威胁。至于 ZEUS,由于攻击者将随机生成的未命中块与其感兴趣的目标块配对,一旦目标块正确生成,即攻击者被要求上传两个块的异或值,目标块的存在性隐私实际上就被泄露了。同时通过遍历目标块的所有可能版本,正确的版本肯定能够被遍历到。因此,泄露存在性隐私的概率为 1。RARE 类似 ZEUS,不同的是,即使目标块是被命中的,泄露其存在性隐私的概率也降低到 0.5。因此,其安全风险接近 ZEUS 的一半。

7.6.2 通信开销

为了评估性能,从第一个数据集中选择了 8719 个 10 000～150 000B 的文件,从第二个数据集中选择了 292 个 10 000～500 000B 的文件。每个文件被分成长度相等的块,并采用填充策略确保最后一个块的长度与其他块保持一致。

1. 一般情况下的通信开销

在每个请求中,0%,10%,20%,…,100% 的随机选择的块被定义为命中块,其余的被定义为随机生成的未命中块。本节将 RRDS 的平均通信开销与其他三种方案进行了比较,并在表 7.3 中显示了在两个数据集上的比较结果。值得一提的是,为了在相同的情况下评估这四种方案,随机生成的块在每次比较时都被设置为相同的。在完成对特定方案的测试后,将云硬盘恢复到其原始状态,从而不影响后续的比较。此外,为了更直观地展示 RRDS 的优势,本部分比较了不同命中块比例下 RRDS 的平均通信开销与其他方案的差异。图 7.5 展示了在这两个数据集上的比较结果。

表 7.3　平均通信开销比较

命中块比例/%	Enron Email 数据集/MB				Linux-logs 数据集/MB			
	RRDS	CIDER	ZEUS	RARE	RRDS	CIDER	ZEUS	RARE
0	102.657	102.657	103.193	103.193	42.469	42.469	42.485	42.485
10	91.886	92.429	93.814	98.504	38.206	38.225	38.464	40.474
20	81.693	82.238	84.972	94.083	33.962	33.980	34.851	38.669

续表

命中块比例/%	Enron Email 数据集/MB				Linux-logs 数据集/MB			
	RRDS	CIDER	ZEUS	RARE	RRDS	CIDER	ZEUS	RARE
30	71.332	71.876	77.220	90.206	29.710	29.729	31.662	37.075
40	61.163	61.709	70.437	86.815	25.467	25.486	28.900	35.693
50	51.060	51.606	64.629	83.910	21.227	21.245	26.557	34.521
60	40.622	41.167	60.024	81.611	16.972	16.991	24.647	33.567
70	30.313	30.858	56.399	79.796	12.726	12.744	23.160	32.823
80	19.874	20.421	53.747	78.471	8.471	8.489	22.095	32.290
90	9.682	10.223	52.164	77.679	4.227	4.245	21.457	31.966
100	1.090	1.638	51.597	77.395	0.037	0.055	21.243	31.865

（a）Enron Email数据集

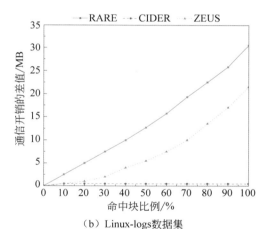

（b）Linux-logs数据集

图 7.5　一般情况下通信开销的差异

结果表明,RRDS 实现了更好的通信开销。以 Enron Email 数据集为例,当命中块比例从 0% 增加到 100% 时,RRDS 的通信开销从 102.657MB 下降到 1.090MB,明显低于 ZEUS、RARE 和 CIDER。原因是,在 RRDS 中,只要未命中块数量不是 0 或 $N-1$,所需的线性组合数量等于未命中块数量,不会引入额外的通信开销。否则,额外的通信开销就相当于单个块的长度。而 ZEUS 请求中的块将分别成对检查。一旦单个请求中包含两个命中块,则需要它们的异或值来实现混淆,该异或值的长度等于单个块的长度。随着命中块比例的增加,这一劣势更加明显,因为更多的命中块不可避免地被归到同一对。

RARE 的原理类似,不同的是 RARE 需要用户上传更多的块来实现更强的混淆,这与实际结果一致。对于 CIDER,每个去重请求都需要额外的块或线性组合的概率为 50%,略大于 RRDS。由于一次请求中多个块对应单个响应,而不是每两个块生成一个响应,因此 CIDER 的通信开销明显低于 ZEUS 和 RARE。

2. 统计性侧信道攻击下的通信开销

本部分比较了统计性侧信道攻击下的通信开销,其中除了命中块数量外,请求块中脏块比例是影响性能的另一个主要因素。具体地,在每个请求中,定义 0%,10%,···,100% 的随机选择的块为脏块,而其他块是命中块。与前面的实验类似,随机生成的块在每次比较时都被设置为相同的。表 7.4 显示了四种方案在两个数据集上的比较结果。

表 7.4　平均通信开销比较

脏块比例 /%	Enron Email 数据集/MB				Linux-logs 数据集/MB			
	RRDS	CIDER	ZEUS	RARE	RRDS	CIDER	ZEUS	RARE
0	1.090	1.635	51.597	77.396	0.037	0.055	21.243	31.863
10	9.798	102.657	60.976	82.084	4.231	42.469	25.264	33.876
20	20.092	102.657	69.819	86.507	8.478	42.469	28.877	35.683
30	30.313	102.657	77.570	90.383	12.726	42.469	32.066	37.274
40	40.622	102.657	84.354	93.774	16.972	42.469	34.830	38.657
50	51.060	102.657	90.162	96.676	21.227	42.469	37.171	39.829
60	61.163	102.657	94.766	98.980	25.467	42.469	39.083	40.785
70	71.332	102.657	98.391	100.793	29.710	42.469	40.570	41.527
80	81.693	102.657	101.043	102.118	33.962	42.469	41.634	42.059
90	91.886	102.657	102.626	102.910	38.206	42.469	42.271	42.378
100	102.657	102.657	103.193	103.193	42.469	42.469	42.485	42.485

如表 7.4 所示,即使在统计性侧信道攻击下,RRDS 在通信开销上仍然优于其他三种方案。以 Linux-logs 数据集为例,随着脏块比例从 0% 增加到 100%,RRDS 的通信开销从 0.037MB 上升到 42.469MB,明显低于 ZEUS、RARE 和 CIDER。原因是,根据提出的脏块处理机制,在生成响应之前,脏块被视为未命中块。因此,对于 RRDS,通信开销随着脏块比例的增加而增加。而对于 CIDER,只要请求中至少包含有一个脏块,请求中的所有块均被要求上传。至于 ZEUS 和 RARE,请求块是成对检查的。因此,一旦找到至少一个脏块,就需要上传相应的块对,这有助于实现更好的性能。

为了直观地评估该脏块处理机制的性能,本部分进一步比较了四种方案不同脏块比例下的通信开销,即包含 $X\%$($0\leqslant X\leqslant100$)的脏块和 0 脏块的请求之间的平均通信开销的差异。图 7.6 展示了在这两个数据集上的比较结果。

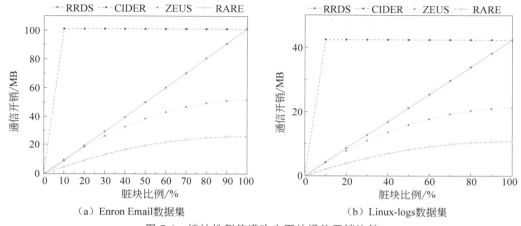

（a）Enron Email 数据集　　　　（b）Linux-logs 数据集

图 7.6　统计性侧信道攻击下的通信开销比较

从图 7.6 中可以看出,在轻量级脏块处理机制的帮助下,RRDS 在通信开销方面比 CIDER 获得了更好的性能。以 Enron Email 数据集为例,随着脏块比例从 0% 增加到 100%,RRDS 的通信开销从 0MB 线性增加到 101.567MB,明显低于 CIDER。原因是,一旦请求中包含至少一个脏块,CIDER 就要求用户上传所有块,而在 RRDS 中只需要上传脏块本身。至于 ZEUS 和 RARE,随着脏块比例的增加,更多的脏块配对在一起。与将它们中的每一个分散到不同块对中相比,响应中所需的块数大大减少。然而,即使性能看起来更好,当脏块比例为 0% 时,ZEUS 和 RARE 的通信开销实际上已经足够大了,至少等于总块长的一半。而相比之下,RRDS 要求用户上传的内容仅为一个线性组合。

7.7　本章小结

为了保护云存储中目标块的存在性隐私不被随机块生成攻击窃取,本章介绍了一种跨用户去重方案 RRDS。在所设计的响应生成机制的帮助下,无论单个请求中包含多少随机生成的块,RRDS 都能够在响应中实现混淆。此外,在统计性侧信道攻击下,利用提出的脏块处理机制,RRDS 仍然能够以轻量级的方式保护文件的存在性隐私。安全性分析和实验结果表明,RRDS 在随机块生成攻击下是安全的,与现有技术相比,该方案引入的开销是有限的。

第 8 章
抗侧信道攻击跨用户广义去重

8.1 引言

传统的跨用户数据去重技术虽然能在一定程度上实现安全高效的相同文件去重,然而面对网络上越来越多的相似文件却束手无策,尤其是时间序列文件,包括电子医疗、智能电网、环境监测和录音等。例如在无线传感器网络中,检测某些物理过程,随着时间的变化,其中部分数据也在随之变化。对于这种时间序列文件,由于信号波动较小,其每次存储的数据发生的变化很小,然而在一次记录过程中,极小的数据变化在传统的去重技术中被视为崭新的数据块。再比如某个监控设备连续拍摄的视频帧,其大部分画面是静止的,没有发生变化。但在实际的存储过程中,视频文件将被分成不同的数据块,此时连续的相似帧被视作完全不同的帧而无法去重。因此传统的去重方式显然是满足不了物联网时代发展的。因此,考虑将相似块中的大部分相同信息进行提取,对其进行高效的客户端去重。将高熵的敏感信息进行云服务器端数据去重,不仅能解决侧信道攻击的核心问题,更是面对互联网上不断增长的冗余数据的最有效思路。

广义去重是解决这一问题的潜在有效方法。借助这个技术,原始数据可分解为基和偏移量,只对包含大量信息的基执行跨用户去重,而对偏移量执行云端去重,即无论是否已经存储于云端,用户都需上传全部偏移量。由于攻击者无法从去重响应中推断出包含基和偏移量的完整数据的存在性隐私,侧信道攻击问题得以解决。然而,对于一般化的数据,在保证去重效率的情况下从相似文件或相似数据块中提取出相同模板开展跨用户去重,仍然是一大挑战。

鉴于此,为了在保证效率的情况下实现跨用户去重的安全性,本章提出一种抗侧信道攻击的跨用户广义去重机制,首次通过模板提取策略实现安全性。具体来说,本章拟引入一种在内容编码层面的具体实施方案,通过字节级连续相同基压缩技术、基于基的内容分块方法和重复模式消除策略提高所提取模板的泛化能力,以从相似文件中提取相同模板,从而执行跨用户去重,应对现有技术面临的云数据存在性隐私被侧信道攻击窃取的风险。

8.2　准备工作

8.2.1　系统模型

广义去重方案将数据块划分为基和偏差两部分,其中将基进行客户端去重,偏差进行云端去重。这样,每个数据块分为两部分进行去重,其中基的泛化性较强,与其他块能以较大概率碰撞,而偏差是基于基的偏移量,安全地保存着这个块的敏感信息,这样不仅提升了去重效率,也可以将相似但不相同的文件进行去重,并且从根本上抵抗了侧信道攻击。具体方案如下。

(1)将数据文件从比特级进行划分,简单地将前三位提取出作为临时的基,由于相似的数据其高位往往是相同的(例如在 ASCII 中,字母的前三位相同),数据的变化总是体现在低位。这一步可以将各字节的前三位进行简单的压缩,将连续且相同的字节层面的基删除,生成一个临时的基,其余各字节的五位不发生改变,并保持着与对应基的联系。

(2)将第一步提取出的临时基基于内容分块(CDC),利用基于内容分块算法的特性,将临时基进行分割,这一步主要是为了提升所提取基的泛化能力,因为基于内容分块可以使得块边界的改变很难被块内部部分数据的修改所影响。同时,较小的基的碰撞概率也更大。

(3)利用 Suffix Array 模式串匹配算法对临时基进行进一步压缩,将相同但不相邻的临时基进行压缩,同时被压缩的基对应的偏差仍然指向其原基。

最终,每个块被划分为基和偏差两部分,且经过实验和理论分析,基的重复率较高,泛化能力强,同时由于基于内容分块算法的特性,对块的微小改变基本不会改变其基的内容,因此相似文件能够提取出相同的基。

8.2.2　威胁模型

在现实应用场景中,云存储去重过程往往受到侧信道攻击的威胁,本章具体考虑如下攻击。

(1)字典攻击:恶意攻击者通过生成大量的预测文件,作为去重请求发送到云服务器,根据去重响应推断目标文件在云服务器上的存在性,从而获取目标用户的隐私信息,最终使用户隐私遭到泄露。

（2）剩余信息学习攻击：对于大量时间序列文件、物联网数据这种模板化的文件，攻击者很容易通过模板信息不断学习敏感位置可能的信息，再将其发送给云服务器，通过去重响应判断所猜测信息的准确性，进而窃取目标文件的隐私数据。

8.3 方案框架

在文件 F 上传到云服务器前，用户首先将其划分成不同长度的 n 个块（$chunk_1$，$chunk_2$，…，$chunk_n$），在块级别将其分别分解为基和偏移量。为了降低通信开销，对于得到的基集（$C_1, C_2, \cdots, C_n$），分别计算其加密哈希值得到相应的标签集（$t_1, t_2, \cdots, t_n$）。用户将标签集和偏移量集（$D_1, D_2, \cdots, D_n$）一起作为去重请求发送给云服务器。接收到去重请求后，云服务提供商通过比较（$t_1, t_2, \cdots, t_n$）与本地存储数据确定请求文件基的存在性，并以同样的方法检查（$D_1, D_2, \cdots, D_n$）。根据8.2.1节的介绍，云服务提供商对基执行客户端去重，对偏移量执行云端去重。因此，云服务提供商反馈给用户的去重响应中要求用户上传所有块级非重复基，而（$D_1, D_2, \cdots, D_n$）则与云存储中的数据比较，直接在云端消除冗余。值得注意的是，如果云端并未存储请求文件的相似文件，即该请求为新文件，云端将创建一个新的字典记录其基集。此外，一旦至少有一个标签与云存储中的目标文件标签重复，请求文件即被视为相似文件，因此，请求中新的非重复块级基将被添加到同一文件字典的末尾。

具体来说，如果请求文件 F 是新文件，建立字典$dic_F = (C_1, C_2, \cdots, C_n)$。考虑后续接收到的去重请求文件$F'$，其基集表示为（$C_1', C_2', \cdots, C_n'$）。假设 $C_j' \neq C_j (j \in [1, n])$，且每个 $C_i'(i \in [1, n], i \neq j)$ 都和字典dic_F 中的 C_i 一致，那么，云服务提供商接收到去重请求后，字典将更新为$dic_{F\&F'} = (C_1, C_2, \cdots, C_n, C_j')$。在这种情况下，重新建立 C_j' 和 D_j 之间的对应关系（$C_j' \parallel D_j$）。一旦 $D_j' \neq D_j$，新的偏移量也需存储于云端，并与字典中特定块级基相对应。

综上所述，方案通过将文件的字节级数据划分为基和偏移量，提取基模板，并分别对模板和偏移量执行跨用户去重和云端去重来抵抗侧信道攻击。具体来说，结合字节级连续相同基压缩技术、基序列的 CDC 分块技术以及块内基序列重复模式消除技术提高识别出的模板的泛化能力，这使得从相似文件或相似块中提取的模板匹配成功的概率大大提高，从而在执行跨用户去重时可以提高去重效率；同时，由于基和偏移量分别在不同地点执行去重操作，仅从去重响应中无法推断出完整数据的云端存在性，因此本方案可以解决侧信道攻击问题，提高去重安全性。

方法流程如图 8.1 所示。

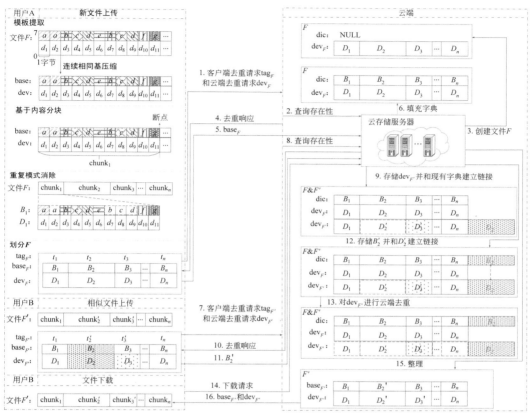

图 8.1 方法流程

8.4 方案流程

抗侧信道攻击的跨用户广义去重方案,首先进行客户端模板提取。具体来讲,请求文件的每字节分解为一个基(base)和一个偏移量(deviation),基包含该字节的三个最高有效位,偏移量则包含其他剩余位。值得注意的是,对于同类型数据,所选取的高位的 ASCII 通常相同,这使得相似但不同的两字节可以由单个基和两个不同的偏移量表示。

首先考虑新文件上传的场景。对于待上传文件 F,用户 A 首先在字节级将其分解为基和偏移量。本方案的第一步是连续相同基压缩。如果相邻字节的基一致,删除冗余基获得文件压缩后的初步模板。如图 8.2 所示,消除从前两字节中提取出重复基 a。

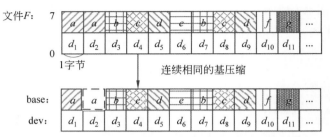

图 8.2　文件分解及初步模板提取示例

接下来,如图 8.3 所示,采用 CDC 策略将获得的初步模板分解为子基集,并分别在字节级生成相应的数据块。根据 CDC 生成的数据块对边界移动问题具有鲁棒性,这意味着即使目标文件的具有低最小熵的敏感信息被去重请求中的不同长度的信息替代,大多数后续块仍可去重。

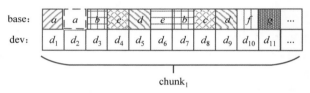

chunk₁

图 8.3　采用 CDC 策略分块示例

如图 8.4 和图 8.5 所示,以第一个块 $chunk_1$ 为例,分别定义其块级别的基和偏移量为 C_1、D_1。为了提高具有重复模式的多个可预测文件模板的成功匹配率,对 C_1 使用后缀数组算法来进行重复模式消除,获得该块的最终模板。需要注意的是,在整个模板提取的过程中,各个基和偏移量之间的对应关系始终保持在字节级,这对后续的文件操作十分重要。接下来,用户 A 生成文件 F 的去重请求标签集 tag_F(可由每个块中提取的基的加密哈希值得到)并发送给云服务器进行客户端去重,此外,上传相应的偏移量集 dev_F 进行云端去重。这保证了即使攻击者接收到确定的去重响应,也只能得出模板信息重复,无法推断完整数据的云端存在性,从而消除侧信道攻击风险。

接收到 tag_F 和 dev_F 后,云服务提供商在本地检查相应数据的存在性,发现 F 是一个未存储的新文件,于是存储 dev_F 并返回响应,要求用户上传各块基集 $C_1,C_2,\cdots,C_n$ 来创建文件 F 的字典,如图 8.6 所示。

接下来考虑用户 B 外发相似文件 F' 的场景。如图 8.7 所示,对文件 F' 执行相同操作获得分解成基和偏移量的 n 个块。假设文件 F' 的 $chunk_2'$、$chunk_3'$ 与文件 F 的 $chunk_2$、$chunk_3$ 不同,其余所有块均相同。其中,对于块 $chunk_2'$,提取的基 C_2' 和偏移量 D_2' 均与

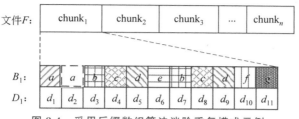

图 8.4　采用后缀数组算法消除重复模式示例

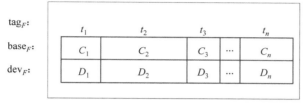

图 8.5　文件的块级分解

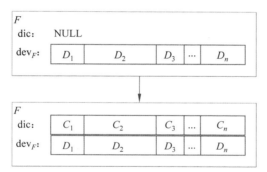

图 8.6　云服务提供商存储新文件并创建字典

chunk$_2$ 不同,而 chunk$_3'$ 与 chunk$_3$ 提取的基 C_3 相同,仅偏移量 D_3' 不同。因此,如图 8.8 所示,经云端去重后所有偏移量仅剩 D_2' 和 D_3' 存储在云端,并且根据基的客户端跨用户去重,云服务提供商反馈给用户的响应中只包含需添加在文件 F 字典中的未重复基部分 C_2'。在所有必要数据均存储在云端后,建立 dev$_{F'}$ 中的每个偏移量和字典中相应基间的对应关系。

8.4.1　字节级连续相同基压缩技术

为了展示如何以极大的概率从相似文件中提取相同的基数,首先考虑字节级处理。对于由 c 字节 $B_1, B_2, \cdots, B_c$ 组成的文件,每字节 $B_i(i \in [1, c])$ 都被分解为一个基 b_i 和

123

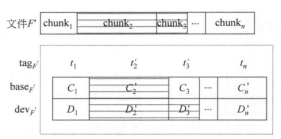

图 8.7　相似文件示例

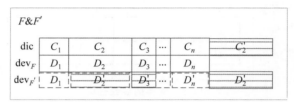

图 8.8　相似文件在云端去重和存储示例

一个偏移量 d_i，其中 b_i 包含第 i 字节的前 $k(k \in [1,8])$ 个最高有效位，d_i 则包含剩下的 $8-k$ 位。这意味着基 b_i 中包含该字节的绝大部分信息，在相似文件的同类型数据中大概率相同。定义 $B_i = b_i \| d_i$ 表示基和偏移量之间保持对应关系。考虑文件中一个长度为 l 的连续字节流（$B_\sigma = b_\sigma \| d_\sigma, B_{\sigma+1} = b_{\sigma+1} \| d_{\sigma+1}, \cdots, B_{\sigma+l-1} = b_{\sigma+l-1} \| d_{\sigma+l-1}$），如果提取的基（$b_\sigma, b_{\sigma+1}, \cdots, b_{\sigma+l-1}$）是相等的，则只需要存储第一个基 b_σ，其余数据作为冗余丢弃。如果文件中没有其他类似的情况，得到的压缩后的基序列（$b_\sigma, b_{\sigma+1}, \cdots, b_c$）即为此文件的初步模板。此时，将（$d_{\sigma+1}, d_{\sigma+2}, \cdots, d_{\sigma+l-1}$）重新与 b_σ 对应，保持偏移量与特定位的关系不变。因此，文件的分解形式可以表示为（$B_1 = b_1 \| d_1, B_2 = b_2 \| d_2, \cdots, B_\sigma = b_\sigma \| d_\sigma, B_{\sigma+1} = b_\sigma \| d_{\sigma+1}, \cdots, B_{\sigma+l-1} = b_\sigma \| d_{\sigma+l-1}, B_{\sigma+l} = b_{\sigma+l} \| d_{\sigma+l}, \cdots, B_c = b_c \| d_c$）。由于这种字节级连续相同基压缩技术，可以从相似文件中大概率提取出相同的初步模板，这意味着，如果在字节级对提取的基进行跨用户去重，攻击者不能再从响应中推断某具有低最小熵文件的存在性隐私。

8.4.2　基序列的 CDC 分块技术

对于得到的文件初步模板，引入 CDC 策略进一步提高相似文件提取模板成功匹配的概率。在内容分块过程中，首先引入滑动窗口的概念。滑动窗口大小为 $L,(L \in [1, c-l])$，由上述定义的字节级基确定，并从序列（$b_1, b_2, \cdots, b_\sigma, b_{\sigma+1}, \cdots, b_c$）的起点开始滑动。

如图 8.9 所示,基序列$(b_\alpha,b_{\alpha+1},\cdots,b_{\alpha+L-1})$被覆盖在初始窗口 w_α 中,其中 α 表示这个窗口中第一个字节级基的下标。使用 Rabin 指纹计算内部内容的哈希值,并定义 R_α,如式(8-1)所示,其中 q 是预期中划分基数据块的长度,L 表示在滑动窗口中字节级基的数量,p_1 和 p_2 两个数字分别代表了一个不可约多项式。特别地,由于取模运算,$R_\alpha \in Z_q$。接下来比较 R_α 和预定义值 $r \in Z_q$,根据式(8-1)计算发现 R_α 和 r 不一致,于是窗口向前移动一位,即移动一个字节级基的大小由 w_α 变为 $w_{\alpha+1}$(见图 8.9)。

$$R_\alpha = \Big(\sum_{j=1}^{\alpha+L-1} \Big(\sum_{i=1}^{k} b_j^{(i)} \times p_1^{(k-i)} \Big) \times p_2^{(\alpha+L-1-j)} \Big) \bmod q \tag{8-1}$$

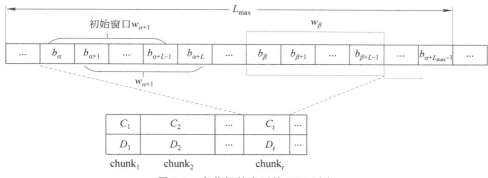

图 8.9 字节级基序列的 CDC 过程

重复上述过程,一旦两者相等,该数据块的边界就可以立即确定。以最后一个窗口 w_β 为例,假设 w_β 与 r 一致,从 b_α 到 b_β 之间的连续元素数量小于 L_{max},则该块可确定为 $C_t=(b_\alpha,b_{\alpha+1},\cdots,b_{\beta+L-1})$,其中 L_{max} 定义为由字节级基估计得到的单个块所允许的最大长度。最终,文件的第 t 块由此确定,表示为 $chunk_t=C_t \parallel D_t$。此外,如果直到窗口移动到允许的最大长度才满足边界定位条件,那么块边界将在最后一个窗口的末端确定。

8.4.3 块内基序列重复模式消除技术

以上面的得到的块 $chunk_t$ 为例来说明重复模式消除过程,这有助于从多条记录中提取单个模板。$C_t=(b_\alpha,b_{\alpha+1},\cdots,b_{\beta+L-1})$ 由 $\beta+L-\alpha$ 个字节级基组成,采用后缀数组算法提取由字节级比较得到的首个最长重复模式,假定为 $b_{\sigma(i)},b_{\sigma(i)+1},\cdots,b_{\sigma(i)+s-1}$,$(i \in [1,\beta+L-\alpha),s \in [1,\beta+L-\alpha])$,然后消除后续重复模式提高模板的泛化能力,并重新建立偏移量与 $b_{\sigma(i)},b_{\sigma(i)+1},\cdots,b_{\sigma(i)+s-1}$ 之间的对应关系。

8.5 安全性分析

定理 8-1：对于拥有单一模板的低最小熵文件，通过本章方案的返回值窃取敏感信息存在性隐私的概率几乎可以忽略不计。

证明：假设目标文件中低最小熵文件块 c 是攻击者感兴趣的文件块，考虑到去重响应，文件块 c 存在于云端的概率可以被描述为

$$
\begin{aligned}
P[C \mid R_1] &= \frac{P[R_1 \mid C] \cdot P[C]}{P[R_1 \mid C] \cdot P[C] + P[R_1 \mid \overline{C}] \cdot P[\overline{C}]} \\
&= \frac{1 \cdot P[C]}{1 \cdot P[C] + P[R_1 \mid \overline{C}] \cdot P[\overline{C}]} \\
&= \frac{p}{p + P[R_1 \mid \overline{C}] \cdot (1-p)} = \frac{1}{1 + \frac{1}{p} \cdot P[R_1 \mid \overline{C}] - P[R_1 \mid \overline{C}]}
\end{aligned}
\tag{8-2}
$$

其中 R_1 表示云端返回的去重响应为：文件块 c 的基存在于云端，无须重复上传。事件 C 表示文件块 c 存在于云端，而 $\overline{C}$ 表示文件块 c 不存在于云端。p 表示一个任意块存在于云端的概率，这个概率非常低。

从式(8-2)可以看到，$P[C \mid R_1]$ 实际上是由 $P[R_1 \mid C]$ 决定的。假设文件块 c 的长度为 N 字节。有一个长度相同的相似文件块 c'，该文件块由字典攻击生成，其内容和文件块 c 不完全一致，但是相同位置上的字符类型是一致的。通过上述介绍的基提取方法，可以得出此时 $P[R_1 \mid C] = 1$。即使 c' 的长度和 c 不相同，通过在基提取中利用的压缩技术，同样也可以提取出同样的基。因此可以推出 $P[R_1 \mid C] > 0$。所以 $P[C \mid R_1] = p$ 接近 0，也就是说对于拥有单一模板的低最小熵文件，通过本章方案的返回值窃取敏感信息存在性隐私的概率几乎可以忽略不计。

定理 8-2：对于拥有多个重复模板的低最小熵文件，通过本章方案的返回值窃取敏感信息存在性隐私的概率几乎可以忽略不计。

证明：假设目标文件中有多个重复模板的文件块 c 是攻击者所感兴趣的文件块，与定理 8-1 的证明相似，$P[C \mid R_1]$ 实际上也是由 $P[R_1 \mid C]$ 决定的。假设有一个长度与文件块 c 不同的相似文件块 c'，它也是由字典攻击生成的。不同的是，由于这两个文件块都有很多的重复模板，无法简单地通过压缩技术来生成相同的基。得益于重复模式消除技术，这个问题得以解决。因此可以得出 $P[R_1 \mid C] > 0$，且 $P[C \mid R_1] = p$ 接近 0。因此通过本章方案的返回值窃取敏感信息存在性隐私的概率几乎可以忽略不计。

8.6 性能评估

为了在通用文件上评估性能,在两个真实数据集上进行了实验,即 Enron Email 数据集和 Sakila Sample 数据集,其中前者包含 517 401 个具有单一模板的文件,后者包含 16 049 条具有多个重复模板的记录。具体来说,通过实验将本章方案与其他三种方案 ZEUS、RARE 和 CIDER 在通信和存储开销方面进行比较。本节在亚马逊 EC2 实例上实现了云服务提供商进程,并在配备 Intel Core i5-4590 CPU @ 3.3GHz、8GB RAM 和 7200 RPM 1TB 硬盘的服务器上实现了客户端进程。所有算法均使用 Python 3.10.0 和 PyRabin Library 0.6 实现。本节展示实验结果取 20 次独立重复实验的平均值。

8.6.1 相似文件去重的效率

本节比较了本章方案与其他三种方案在相似文件去重效率方面的性能。具体来说,从 Enron Email 数据集中随机选取一个 1.1 KB 的文件,并从 Sakila Sample 数据集中随机选取 24 条记录,创建另一个大小为 1.8 KB 的文件,每个文件都存储在云存储中。对于每个文件,都会替换其中的部分敏感信息,分别生成相应的相似文件。

然后,生成两个去重请求,并根据四种方案生成的响应比较所需的通信开销。其中,在本章方案中,滑动窗口的大小和允许的最大块长在字节级别上分别设置为 12 个和 85 个基的大小。作为比较,在 ZEUS、RARE 和 CIDER 中,文件被分为长度为 128B 的分块。

从图 8.10 可以看出,即使请求文件中的敏感信息与目标文件中的敏感信息不同,本章方案所需的通信开销仍然很低,且明显低于 ZEUS、RARE 和 CIDER 对在两个数据集上的通信开销。原因是本章方案可以从不同版本的敏感信息中提取出相同的基。此外,由于采用了 CDC 策略,即使被替换的敏感信息的长度与原始信息的长度不完全相同,也完全不会影响后续的大部分信息块。相比之下,其他三种方案由于采用了固定长度的分块策略,结果需要大量的通信开销。由于存在边界移动问题,因此每个连续的块都需要被上传。此外,与 Enron Email 数据集相比,本章方案在 Sakila Sample 数据集上的通信开销优势更加明显,因为对于这种具有多个重复模板的文件,可以进一步消除每条具有相同模板的记录中的大量重复模板,从而大大减少跨用户数据去重过程中的通信开销。

8.6.2 云存储性能比较

为了评估存储效率,比较了多个目标文件中发起去重请求所需的平均存储开销,每个

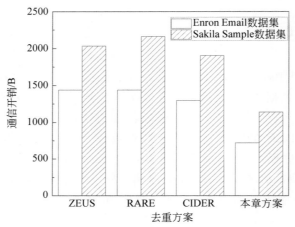

图 8.10　通信开销比较

目标文件都包含一定量的随机分布的敏感信息。具体而言,从 Enron Email 数据集中随机选择了 10 000 个 0.4～58.5KB 的目标文件,从 Sakila Sample 数据集中随机选择了 8000 条记录,以创建另一个 475KB 的目标文件。为了比较存储开销,将每个目标文件视为用户生成的数据去重请求。具体来说,随机选择去重请求中 10% 的敏感信息与目标文件中的敏感信息保持一致。两个数据集在不同敏感信息量下的存储开销对比如图 8.11 所示。

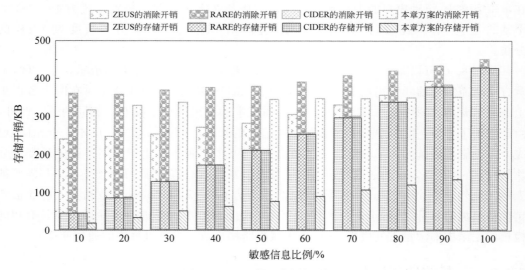

（a）Enron Email 上云端存储开销

图 8.11　存储开销比较

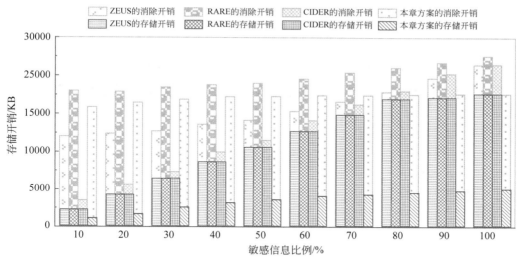

（b）Sakila Sample 上云端存储开销

图 8.11　（续）

如图 8.11 所示,四种方案的存储开销会随着敏感信息比例的增加而增加。具体来说,以 Sakila Sample 数据集为例,当敏感信息的比例从 10% 增加到 100% 时,得益于相似文件的字典共享策略和基于目标的数据去重偏差,本章方案的存储开销从 1139KB 增长到 4837KB,明显低于 ZEUS、RARE 和 CIDER 的 2422KB 到 18 920KB。此外,随着敏感信息比例的逐渐增加,本章方案的存储开销增量明显低于其他三种方案。原因在于,为了达到一定的混淆程度,ZEUS、RARE 和 CIDER 需要大量的冗余块。相比之下,本章方案的存储开销增长较慢,因为大部分相似的数据块对应的是字典中已经存在的基。至于 Sakila Sample 数据集,由于提取基的泛化能力提高,存储开销的优势更为明显。

8.7　本章小结

本章提出了一种广义去重方案来保护云存储中目标文件的存在性隐私不受侧信道攻击的威胁。本章方案能够利用所提的模板提取策略,以极大的概率从相似文件或者相似块中提取出相同的模板。因此,即使确定的去重响应表明某个模板的云端存在状态,攻击者也无法确定其对应的整个文件的真实存在性。两个真实数据集上的实验结果表明,与现有技术相比,本章方案在通信开销和存储开销上都取得了更高的效率。

第 9 章

基于 Reed-Solomon 编码的广义去重

9.1 引言

针对跨用户去重中存在的侧信道攻击问题,第 2~8 章详细阐述了在不同威胁模型下的解决方案。但是,这些方案在开销和安全性上仍有进一步改进的空间。从安全性方面来说,这些方案仍然存在缺陷,难以实现完全混淆,仍有一定概率泄露文件存在性隐私。以第 8 章介绍的广义去重框架为例,在该框架下,原始数据被分解为基和偏移量。为了实现混淆,只对基开展跨用户去重,对偏移量开展云端去重。由于相似数据可以一定概率提取出相同的基,因此,攻击者无法根据基的跨用户去重响应判断目标数据在云端的存在性,从而实现对侧信道攻击的有效抵抗。然而,当前现有工作中所提出的基提取方法,具有很大的局限性,无法以较高概率确保从相似数据中提取出相同的基,从而影响去重效率。同时,广义去重方案要求用户将所有偏移量数据上传,这不可避免地导致了较大的通信开销。以较高概率从相似数据中提取出相同的基,并且进一步降低偏移量上传的通信开销,是该方案现阶段面临的重要挑战。

因此,为了彻底解决这个问题,本章将介绍一种基于 Reed-Solomon 编码的广义去重方案。具体来说,该方案采用一种新型的跨用户安全去重框架,在基的处理中引入 Reed-Solomon 编码思想,确保以较高概率从相似数据中提取出相同的基,从而提高去重效率。除此之外,该方案引入字典压缩算法对偏移量开展压缩以进一步降低通信开销。本章所述工作主要贡献和创新点如下。

(1)本章提出一种新型的基于 Reed-Solomon 编码的跨用户安全去重框架。该框架支持基于 Reed-Solomon 编码的基提取方法,以及偏移量压缩算法。在所提框架下,数据存在性和去重响应之间的确定性联系被打破,去重效率可得到有效提升。

(2)本章设计了一种通用的基提取方法和偏移量压缩算法。针对目前主流算法对相似文件去重效率不高的问题,所设计方法和算法利用 Reed-Solomon 编码思想,提升了所提取基的泛化能力。此外,针对偏移量上传的通信开销问题,本章将数据压缩算法引入偏移量计算中,在上传前对偏移量进行压缩,进一步降低了通信开销。

(3)本章对所提方案开展了安全性分析和性能验证,通过在真实数据集上比较所提方案与当前该领域的最新方案,得出如下结论:

- 所提方案能够有效抵抗侧信道攻击,防止存在性隐私泄露。
- 基提取方法可以较高概率从相似文件中提取出相同的基,提高去重效率并降低云端存储开销。
- 所提方案中的偏移量压缩算法可以有效降低通信开销。

9.2　准备工作

9.2.1　系统模型

在本章所提模型应用的数据托管场景中,涉及用户和云服务提供商两个实体。在这个场景中,云服务提供商需向用户提供数据上传及下载服务,承担数据维护和安全保障任务。用户需要向云服务提供商支付数据保管费用和承担数据泄漏风险。因此,对于云服务提供商来说,首先需要具备充足的存储空间,满足一定规模的用户数据存储需求。除此之外,云服务提供商还应具备较强的计算能力,支持冗余数据管理、重复数据删除和数据完整下载功能。最重要的是,云服务提供商应具备完善的数据安全保管方案,保障用户的数据完整性和敏感数据的隐私不被窃取和泄漏。

考虑数据上传的整个流程。在一次完整的流程中,请求上传的用户首先对数据进行预处理,处理完后再向云端发起重复数据删除请求。预处理的过程为:首先对数据重新进行 ASCII 编码,提取每字节的基和计算恢复字节所需的偏移量,并对基进一步使用 Reed-Solomon 解码生成标准基,对标准基分组并计算每个块的标签信息;然后将标签信息和所有偏移量数据上传云端发起重复数据删除请求。云服务提供商根据标签信息检索数据,确定数据的存在性。如果某块数据不存在,则要求客户上传对应块的标准基数据,在云端存储数据副本且执行云端数据去重工作,并将用户加入数据所有权列表中;如果某块数据已存在,则不再要求用户上传对应块基数据,随后在云端执行数据去重处理。在此场景中,即使数据副本已在云端保存,用户也需要上传部分数据。该模型通过分解数据,将数据去重工作分成两部分,分别在客户端和云端开展去重。

9.2.2 威胁模型

在本章考虑的场景中,假设云服务提供商完全可靠,不考虑其可能存在的窃取数据、丢失数据的行为,并且能够为用户提供可靠的数据存储和去重服务。对于任意一个数据块,其威胁风险来源于试图窃取其状态和信息的外部攻击者。对于攻击者来说,其通过使用侧信道攻击试图获得该数据块的存储状态。那么,为了判断该数据块副本是否存在于云端,攻击者会发起去重请求,随后根据云端返回的去重响应判断该数据块在云端存在或不存在。在传统的跨用户重复数据去重模型中,对于具有固定模板的可预测文件,一旦攻击者掌握部分文件内容或文件模板规律,极易通过字典攻击猜测出剩余部分数据,并通过去重响应判断其在云端的真实存在性。在这种场景下,侧信道攻击对云端数据的存在性隐私构成了极大的安全威胁。

9.2.3 Reed-Solomon 编码

Reed-Solomon 编码(以下简称 RS 编码)是定义在伽罗华域中的一种纠删码,伽罗华域是 RS 编码的重要理论基础。在伽罗华域中,代数运算具有封闭性,即代数运算的结果均在域内,不存在数据溢出问题,所以伽罗华域又称为有限域。在伽罗华域中加法等价于异或运算,乘法等价于逻辑与运算,负数与正数相同。二维码是一种典型的 RS 编码结果,其使用 $GF(2^8)$ 域。$GF(2^8)$ 域包含 $0\sim255$ 的数字,也就是一字节所能表示的所有无符号整数。如果计算结果超出这个范围,则会对计算结果执行取模运算,保证其结果在 $0\sim255$ 的范围内。为了减少代数计算量,在 $GF(2^8)$ 域中执行运算所需要的生成值已经生成并保存,使用时可直接在表中查询,以空间换时间,无须反复计算。实验表明当需要运算的数据量非常大时,查表的时间远远小于反复计算出值所用的时间。

RS 编码会将需要编码的流数据重新排列计算,其公式如下:

$$RS(x) = M(x) + P(x) \tag{9-1}$$

其中,$M(x)$ 和 $P(x)$ 分别表示原始数据多项式和纠错数据多项式,其计算公式分别如下:

$$M(x) = m_{k-1}x^{n-1} + m_{k-2}x^{n-2} + \cdots + m_0 x^t \tag{9-2}$$

$$P(x) = p_{t-1}x^{t-1} + \cdots + p_1 x^1 + p_0 x^0 \tag{9-3}$$

其中,k 表示原始数据长度,t 表示纠错数据长度,n 表示 RS 编码长度且满足 $n=k+t$,$m_i, i \in [0, k-1]$ 表示 k 个原始数据的数据值,$p_i, i \in [0, t-1]$ 表示 t 个纠错数据的数据值。

RS 编码的过程包括消息多项式、生成多项式的构造,随后利用两个多项式计算纠错数据。解码原理则相对简单,根据编码过程和矩阵运算原理,即可查找到出错位并恢复正确数值。接下来将详细介绍 RS 编码的四个过程,分别为构造消息多项式、构造生成多项式、生成纠删码和 RS 解码。

构造消息多项式:消息多项式使用数据码字作为系数,例如数据 01000000 01011001 00001010 的十进制值为 64、89、10,那么其消息多项式为

$$M(x) = 64x^2 + 89x + 10 \tag{9-4}$$

构造生成多项式:生成多项式 $g(x)$ 为

$$g(x) = \prod_{j=0}^{t-1} (x - \alpha^j) \tag{9-5}$$

生成多项式使用 $\mathrm{GF}(2^8)$ 域,其中 α 取值为 2,t 表示纠错位数。

接下来,本节以 t 取 2 为例,介绍生成多项式的计算过程:

$$g(x) = (x - \alpha^0)(x - \alpha^1) \tag{9-6}$$

(1) 将变量系数转为 α 表示,查表可知 $\alpha^0 = 1$,故多项式可以写为

$$g(x) = (\alpha^0 x - \alpha^0)(\alpha^0 x - \alpha^1) \tag{9-7}$$

(2) 展开多项式,并进行系数合并

$$g(x) = \alpha^0 x^2 - (\alpha^1 + \alpha^0)x^1 + \alpha^1 x^0 \tag{9-8}$$

(3) 在伽罗华域中,减法等同于加法,故

$$g(x) = \alpha^0 x^2 + (\alpha^1 + \alpha^0)x^1 + \alpha^1 x^0 \tag{9-9}$$

(4) 查表可知 $\alpha^0 = 1$,$\alpha^1 = 2$,则

$$g(x) = x^2 + 3x^1 + 2x^0 \tag{9-10}$$

(5) 再次查表可知 $\alpha^{25} = 3$,用符号表示 t 取 2 时的生成多项式为

$$g(x) = \alpha^0 x^2 + \alpha^{25} x^1 + \alpha^1 x^0 \tag{9-11}$$

根据上述过程可知,生成多项式与 t 的取值有关,与原始数据码字无关。

生成纠删码:从生成多项式最高项开始重复操作,首先对生成多项式执行乘法操作,找到一个适当的项,乘以生成多项式,使其结果和消息多项式的最高项系数一样。然后将消息多项式和变换后的生成多项式开展异或运算,消去消息多项式最高项。重复多次后,所剩余数项系数即为纠删码,最后将生成的纠删码添加到原信息码后面。

RS 解码过程:根据编码过程可知,如果传输过程中不发生错误,则将会满足等式 RS $(x) \bmod g(x) = 0$,若余数不为 0,表明发生错误。错误表达式如下所示:

$$E(x) = \frac{\mathrm{RS}(x)}{g(x)} = Y_1 x^{e^1} + Y_2 x^{e^2} + \cdots + Y_l x^{e^l} \tag{9-12}$$

其中,l 表示可纠错的数据值个数且满足 $t=2l$,Y_i,$i\in[0,l]$ 表示出错位置,e^i,$i\in$ $[0,l]$ 表示原始正确数值。因此,在解码过程中,只需根据 $E(x)$ 计算结果替换收到的编码数据,最后将纠错数据删除即可恢复原始数据内容。

9.3 方案框架

本章方案框架如图 9.1 所示。假设用户 X 首次向云端请求上传文件 F,在客户端,文件 F 的数据内容首先转换为 ASCII 二进制形式存储。经过算法处理后,文件 F 分成 c 个

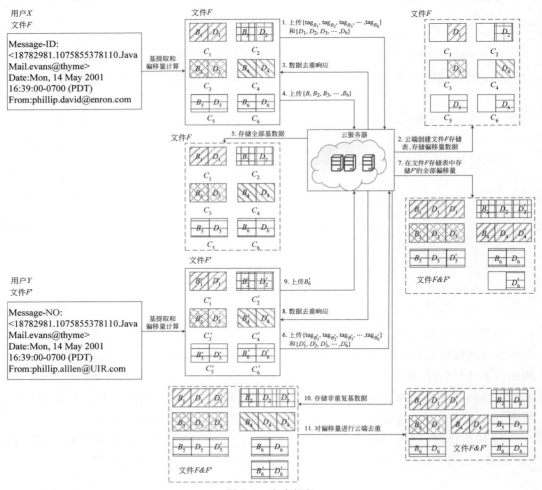

图 9.1 方案框架

长度相同的块,即 $F=\{C_1,C_2,C_3,\cdots,C_c\}$,并对最后长度不足的块进行填充处理。每个块由一对基和偏移量组成,即 $C_1=\{B_1,D_1\},C_2=\{B_2,D_2\}$,$\cdots$,$C_c=\{B_c,D_c\}$,其中,$B_i(i\in[1,c])$ 表示块 C_i 的基,$D_i(i\in[1,c])$ 表示块 C_i 的偏移量。文件 F 从源文件转为块的整个过程如图 9.2 所示,将在 9.4.1 节进行介绍,这里不再展开。随后,以基列表 $\{B_1,B_2,B_3,\cdots,B_c\}$ 的哈希值列表 $\{\mathrm{tag}_{B_1},\mathrm{tag}_{B_2},\mathrm{tag}_{B_3},\cdots,\mathrm{tag}_{B_c}\}$ 作为去重请求发送给云端。因文件 F 为首次上传,所以云端收到结果后未查找到数据记录。故云服务提供商要求用户上传包括基和偏移量的全部数据,在云端分别存储。

文件F

| 基 | 0100 | 0110 | 0111 | 0111 | 0110 | 0110 | 0110 | 0010 | 0100 | 0100 | 0011 | 0010 | ... |
| 偏移量 | 1101 | 0101 | 0011 | 0011 | 0001 | 0111 | 0101 | 0011 | 1001 | 0100 | 1010 | 0000 | ... |

1. 基提取

序号	8				976				472				...
基	0100	0110	0111	0111	0110	0000	0110	0010	0100	0100	0011	0010	...
偏移量	1101	0101	0011	0011	0001	0111	0101	0011	1001	0100	1010	0000	...

2. 数据分块

序号	8				976				472				...
基	0100	0110	0111	0111	0110	0000	0110	0010	0100	0100	0011	0010	...
偏移量	1101	0101	0011	0011	0001	0111	0101	0011	1001	0100	1010	0000	...

3. 偏移量压缩

序号	8				976				472				...
基	0100	0110	0111	0111	0110	0000	0110	0010	0100	0100	0011	0010	...
偏移量	1101	0101	0011	0011	0001	0111	0101	0011	1001	0100	1010	0000	...

文件F分块结果

哈希值	tag_{B_1}		tag_{B_2}		tag_{B_3}				tag_{B_n}	
文件块	C_1		C_2		C_3		...		C_n	

序号	8				976				472				...
基	0100	0110	0111	0111	0110	0000	0110	0010	0100	0100	0011	0010	...
偏移量	1101	0101	0011	0011	0001	0111	0101	0011	1001	0100	1010	0000	...

基	B_1		B_2		B_3		B_4		B_5		B_6		...
偏移量	D_1		D_2		D_3		D_4		D_5		D_6		...

图 9.2 基提取和偏移量计算

用户 Y 拥有一份与文件 F 数据内容相似的文件 F'，其经过算法处理后转换为文件块形式 $F'=\{C_1',C_2',C_3',\cdots,C_c'\}$。其中，$C_1'=\{B_1',D_1'\}$，$C_2'=\{B_2',D_2'\}$，$\cdots$，$C_c'=\{B_c',D_c'\}$。由于文件 F 和 F' 内容相似，因此存在数据内容相同的文件块。如图 9.1 所示，具有相同的颜色和花纹的块代表相同的数据块，因本章方案所提基的泛化能力较强，可以较高概率从相似数据中提取出相同的基，所以也存在数据块中基相同，而偏移量不同的情况。对文件 F' 而言，当用户 Y 生成基 $\{B_1',B_2',B_3',\cdots,B_c'\}$ 的哈希结果 $\{\text{tag}_{B_1'},\text{tag}_{B_2'},\text{tag}_{B_3'},\cdots,\text{tag}_{B_c'}\}$ 作为去重请求发送给云服务器时，云服务提供商不再要求其上传已存在的基。而所有偏移量 $\{D_1',D_2',D_3',\cdots,D_c'\}$ 无论是否存在都被要求全部上传。云端在存储数据时，对重复的基和偏移量添加 F' 的引用。如图 9.1 所示，B_1' 和 B_1 由于数据内容相同没有上传云端，仅在存储列表中追加 D_1'。随着文件 F' 所有的上传结束，客户端不再进行操作。云服务提供商在本地开展云端去重，对相同的数据偏移量块仅保留一个副本。如图 9.1 所示，数据偏移量块 D_1' 和 D_1 数据内容相同，故仅保留其中一个。至此，一个完整的上传和去重流程结束。

当用户请求下载文件时，云端通过文件保存索引逐块还原，将数据返回用户。用户可通过完整性审计技术验证所下载数据的完整性（由于不是本章重点，这里不再赘述）。

9.4 方案流程

9.4.1 索引构建

为了降低计算开销，本章方案利用 RS 编码思想预先构建索引。在索引中，保存了 RS 编码前后的对应关系。为了便于后续理解，本节首先介绍 RS 索引构建流程。基数据对应关系的索引为了降低计算开销，为每一组基构建一对一和一对多的对应关系，可以起到以下两个作用。

（1）避免大量的重复计算。云数据的每次上传均需要对其进行基的提取，这个过程中需要大量的编码运算，根据基数据的特点发现，该运算过程存在较多重复计算，通过索引结果，可以将计算转为查询，从而降低客户端的计算开销。

（2）预先处理特殊结果。对于一组基数据，本章方案假设对 RS 编码后的结果进行数据恢复，故存在一定概率的无解情况，在索引构建的过程中，可提前定义无解情况，避免客户端中的无效计算。

本章方案考虑的数据为标准 ASCII 二进制形式，首先补零后对 8 位"01"串进行划分。通过观察编码结构,高四位共计 0000、0001、0010、0011、0101、0100、0111、0110 8 种情况。0000 和 0001 分别对应使用频率较低的控制字符和通信专用字符,其余分别对应常见的大写字母、小写字母、符号、数字等。为了在保证有效抗侧信道攻击的前提下,减少数据传输带宽消耗,本章方案将 ASCII 划为高四位和低四位,其中高四位记为基,低四位记为偏移量。为了进一步提高基的泛化能力,本章方案利用 RS 解码原理,查找每一组基的源码。这里选取 RS 编码的长度为 4,即每四个基转一次源码,因相似的数据往往有相同的源数据,故多个基组可以转换为一个相同的源基。

ASCII 高四位中,0001 对应一些出现概率较低的通信专用字符,故在预处理时仅对剩余 7 种情况进行排列组合计算。假设 RS 编码长度为 4,共计 2800 种排列组合,并利用 RS 解码计算其源码,根据上文所述 RS 编码和解码原理可知,相似的字符串可能有相同的源码,由此可以将多个转换为一个,从而达到提高基泛化能力的目的。为了便于表述和理解,在表 9.1 中,以 $\{a,b,c,d,e,f\}$ 表示 $\{0010,0011,0100,0101,0110,0111\}$。为了降低计算开销,在算法开始前首先开展 RS 解码索引构建,索引构建的目的是对 2800 种排列组合进行 RS 解码计算。不管原始数据如何,提取基后,排除控制字符、通信专用字符,剩余的情况均提前计算出来,且仅需计算一次即可,当算法中需要使用 RS 解码结果时,只需要查表即可,无须再次计算。然而由于 RS 解码是多对一的形式,为了能够恢复原始文件数据,需要额外存储基与源码之间的偏移量,为此,本节设计了表 9.1 所示的数据存储结构,表示基源码和编码的一一对应结果,即解码前和解码后的对应关系,例如:值为 $\{0010\ 0011\ 0100\ 0111\}$ 的基,源码值为 $\{0010\ 0011\ 0100\ 0101\}$;值为 $\{0010\ 0011\ 0100\ 0100\}$ 的基,源码值也为 $\{0010\ 0011\ 0100\ 0101\}$。如此,原本两个不同的基 $\{0010\ 0011\ 0100\ 0111\}$ 和 $\{0010\ 0011\ 0100\ 0100\}$ 通过解码找到了同一个源码 $\{0010\ 0011\ 0100\ 0101\}$。将基通过表 9.1 转换为源码后,为了顺利恢复数据,需要存储一个源码与基的一对多关系表,例如源码 $\{0010\ 0011\ 0100\ 0101\}$ 在表中对应两个可能的基 $\{0010\ 0011\ 0100\ 0111\}$、$\{0010\ 0011\ 0100\ 0100\}$ 和其本身。至此本节构建了后续基提取所需要的索引表。经过测试,可知存储解码前与解码后基对应关系表结构需要的存储空间为 184 512 B,为了便于基提取和数据恢复,客户端和云端均需维护这一个相同的表结构。

表 9.1　数据存储结构

序号	基(数据恢复后)	基(数据恢复前)						
1	$abcd$	1	$abcf$	2	$abcc$		
2	$abfc$	1	$abfd$	2	$abfg$	3	$abfh$

续表

序号	基（数据恢复后）				基（数据恢复前）	
3	*abge*	1	*abge*	2	*abgf*	3	*abgd*
4	*bacd*	1	*bacd*	2	*bace*	3	*bach*
5	*cegh*	1	*cegh*	2	*cegd*	3	*cega*
6	…	1	…	2	…	3	…

9.4.2　数据分解

本章方案将字节分解为基和偏移量，对基开展客户端去重，对偏移量开展云端去重。与面向数据块的数据去重方案相比，在数据块重复的情况下，增加了上传偏移量的通信开销，降低了数据哈希计算开销和通信开销。在保证抗侧信道攻击安全性的前提下，本章方案融合 RS 编码原理和数据压缩算法，设计了基提取和偏移量计算策略。

假设文件 F 由 $\{x_1, x_2, x_3, \cdots, x_n\}$，$n$ 字节组成。每字节 $x_i (i \subseteq n)$ 都由基 b_i 和偏移量 d_i 组成。基 b_i 由 m 比特组成，其中 $(m \subseteq [1,8])$，偏移量 d_i 则由剩余的 $8-m$ 比特组成，即文件 F 可以表示为

$$F = \{(b_1, d_1), (b_2, d_2), (b_3, d_3), \cdots, (b_n, d_n)\}$$

用 B 表示文件 F 的基集合，D 表示文件 F 的偏移量集合，即

$$B = \{b_1, b_2, b_3, \cdots, b_n\}$$
$$D = \{d_1, d_2, d_3, \cdots, d_n\}$$

如图 9.2 所示，为了便于展示处理过程，基和偏移量分别由 4 位 0、1 比特组成。接下来，本节将利用 RS 编码原理对 B 进行基提取处理。

基于 RS 解码原理，相似的字符串往往具有相同的基，假设 B 是 RS 编码后的结果，对其进行 RS 解码可以纠正偏移量将其还原为原始值。对于 $B = \{b_1, b_2, b_3, \cdots, b_n\}$，其解码的结果可表示为 $B_{rs} = \{b_1, b_2^{correct}, b_3, \cdots, b_n\}$，其中 $b_2^{correct}$ 是 b_2 恢复的源值。

对于一个相似的基序列 $B' = \{b_1, b_2', b_3, \cdots, b_n'\}$，其经过 RS 解码可获得结果 $B_{rs}' = \{b_1, b_2^{correct}, b_3, \cdots, b_n'\}$，$b_2$ 和 b_2' 经过解码均可转换为 $b_2^{correct}$，从而进一步提高基之间的相似度。为了保证数据从 $b_2^{correct}$ 可恢复至 b_2 或 b_2'，需要记录 b_2 或 b_2' 转换为 $b_2^{correct}$ 的偏移量，然后利用对应关系表进行还原。

在 RS 解码过程中，需要指定 RS 编码长度，这里 RS 编码长度为 4，即每四个基为一

组。如图 9.2 所示,{0100 0110 0111 0111}、{0110 0110 0110 0010}分别为一组基,文件 F 经过基提取后,第六个基从 0110 转换为 0000,第二组基转换为{0110 0000 0110 0010}。此过程中,可以看出相似文件可以提取出相同的基,从而实现减少基的上传,进而降低通信开销和存储开销的目的。为了进一步降低存储开销,在后续数据处理过程中均以序号代替一组基,如图 9.2 所示,解码后{0100 0110 0111 0111}对应序号为 8,{0110 0000 0110 0010}对应序号 976,这里的序号值即表 9.1 所示数据存储结构中解码后基的序号值。

在重复数据删除请求中,需要对基进行哈希计算,然后将哈希结果上传云端发起请求。为了避免过多的哈希计算次数,本节设计了一个简单直接的分块方法,即选择若干组基组成一个块,块的长度为固定值。由此,$B = \{B_1, B_2, B_3, \cdots, B_c\}$,其中变量 c 表示分块数量,块中的内容为每组基的序号,如图 9.2 所示,$B_1 = \{8, 976, 472, \cdots\}$,计算每个分块的哈希值用以进行跨用户去重。这里,用 tag_B 表示计算后的哈希值集合:

$$\mathrm{tag}_B = \{\mathrm{tag}_{B_1}, \mathrm{tag}_{B_2}, \mathrm{tag}_{B_3}, \cdots, \mathrm{tag}_{B_c}\}$$

在上文中,本章方案利用 RS 编码原理,提取基数据并通过一对多关系,最大可能地从相似数据中提取出相同的基,从而提高基数据的去重效率,然而对偏移量数据进行云端去重,消耗了较多的通信开销。为了减少通信开销,本章方案引入数据压缩算法。针对数据文件的规模和特点,选择合适的压缩算法可以极大地降低通信开销。在本章方案中,选择使用 ZSTD 压缩算法,它是一种新型轻量级的字典压缩算法,尤其适用于小规模数据样本,其压缩效率在使用有效字典后可提升至 80% 左右,字典无效时压缩效率为 50% 左右。在以后的工作中,可以利用机器学习算法,引入效率更高、适应性更好的压缩手段。

当基进行分组时,对应的偏移量也随之分为若干块,在发起重复数据删除请求之前,对每个偏移量块内数据进行压缩,压缩处理完成后其形式为

$$D = \{D_1, D_2, D_3, \cdots, D_c\}$$

在如图 9.2 所示的压缩过程中,连续相同偏移量、一组相同偏移量均不再需要重复上传,图中虚线部分表示不再存储的数据。至此,本节将哈希值集合 tag_B 和偏移量集合 D 上传云端,云端通过哈希结果判断是否需要上传基。

9.4.3 数据去重

如前文所述,在将文件 F 上传云端之前,用户首先将文件 F 分成 c 个等长的数据块,即 $F = \{C_1, C_2, C_3, \cdots, C_c\}$。每个块由一组基和偏移量对组成,即 $C_1 = \{B_1, D_1\}$,$C_2 = \{B_2, D_2\}, \cdots, C_c = \{B_c, D_c\}$。随后,用户将对基集合 $\{B_1, B_2, B_3, \cdots, B_c\}$ 中的每个基计

算其对应的哈希值,将哈希值集合 $\text{tag}_B = \{\text{tag}_{B_1}, \text{tag}_{B_2}, \text{tag}_{B_3}, \cdots, \text{tag}_{B_c}\}$ 作为去重请求上传云端。

在发送去重请求时,将偏移量集合 $D = \{D_1, D_2, \cdots, D_c\}$ 和哈希值集合 tag_B 一同上传云端。云服务提供商在接收到它们后,将 tag_B 与云端存储的基的标签进行比较。根据方案框架,云端将对基开展跨用户数据去重,对偏移量开展云端去重。因此,云端根据 tag_B 检索结果,判断是否需要用户上传基集合 B 中的未命中的基,并将结果返回用户,同时对偏移量集合 D 中的每个块与云存储中的偏移量数据开展云端去重。在这个过程中,如果文件 F 是首次上传的全新文件,则会在云端建立一个新的数据存储字典 $\text{dicF}[B] = D$,用来存储基和偏移量。如果所请求的文件 F' 中有一个数据块与云存储中的目标文件 F 的标签重复,则认为 F' 与 F 为相似文件,故满足以下要求时,不再为 $F' = \{C_1', C_2', C_3', \cdots, C_c'\}$ 重新建立字典,而将数据直接索引在文件后。

(1) 对于 F' 中的每一个块 C_j' ($j \in [1, c]$),假设存在一个块中的基 $B_j' \neq B_j$,那么 dicF 更新为 $\{B_1, B_2, B_3, \cdots, B_c, B_j'\}$。

(2) 对于 F' 中的每一个块 C_j' ($j \in [1, c]$),假设存在一个块中的基 $B_j' = B_j$,偏移量 $D_j' \neq D_j$,那么 dicF 中 $\text{dicF}[B_j]$ 的值更新为 $\{D_j, D_j'\}$。

9.5 性能评估

为了验证本章方案的性能,本节选择了两个特点不同的真实数据集:Enron Email 数据集和 Sakila Sample 数据集。其中,Enron Email 数据集包含 517 401 个文件,每个文件具有相同的模板,主要包含发件人、收件人、时间、邮件内容等记录。图 9.3 展示了该数据集文件大小的分布状况。由图可知,大部分文件规模较小。Sakila Sample 数据集则是由 16 049 条数据记录组成的,是典型的数据库类型数据集。其中,每条记录表示一笔支付数据,包括订单时间、金额等信息。本章方案设计了如下两个实验。

(1) 计算性能验证:通过比较本章方案与 SRGDS 在相同文件上提取基的计算开销和存储开销,验证本章方案在侧信道攻击下的安全性和高效性。

(2) 去重效率评估:通过对比不同方案在上传相同文件时的通信开销,验证本章方案可以有效降低通信开销,节约带宽。

在实验中,本章方案使用的 RS 编码长度为 4 个基,文件块长度为 200 个基。在 ZEUS、RARE 和 CIDER 中,文件被分成了固定长度为 128B 的文件块,并引入填充策略保证最后一个文件块的长度与其他文件块保持一致。

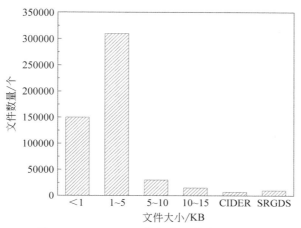

图 9.3　Enron Email 数据集文件大小分布图

9.5.1　计算性能评估

本章方案提出了一种字节级的数据去重框架,对每字节提取基和偏移量,对基开展跨用户去重,对偏移量开展云端去重。当攻击者对某一数据块发起侧信道攻击时,假设云端对应的基不存在,那么不会发生数据存在性隐私的泄漏。假设云端对应的基存在,那么云服务提供商返回确定性响应阻止用户对基的上传。即使如此,攻击者仍然无法判断目标数据的云端存在性。这归结为本章方案可以高概率地从相似文件中提取出相同的基,即使基数据不需要上传,偏移量也需要上传,故攻击者无法仅通过基的存在性判断其多对应字节数据的存在性。

在本实验中,首先将对本章方案的安全性进行验证。具体地,在 Enron Email 数据集中,将发件人地址设定为敏感信息,并将其替换为其他地址,然后分别计算替换前后的文件数据基和偏移量。实验结果如图 9.4 所示。其中,图 9.4(a)和图 9.4(b)分别表示邮件地址替换前后的两个相似文件。图 9.4(c)和图 9.4(e)分别展示了图 9.4(a)和图 9.4(b)两个文件前 128B 对应的基的情况。经过对比,可以看出两个结果完全一致,说明这两个相似文件按照所提方法可提取出相同的基。图 9.4(d)和图 9.4(f)分别展示了两个相似文件前 128B 的偏移量计算结果。经过对比可以看出,图 9.4(d)和图 9.4(f)在第 119~124B 的偏移量计算结果不同,对应两个相似文件的不同之处。通过本实验,不难发现本章方案可以从相似文件中提取出相同的基和不同的偏移量,对于基数据可以有效地实现跨用户去重,通过偏移量的上传,可以有效抵抗侧信道攻击。

（a）修改前文件内容　　　　　　　　（b）修改后文件内容

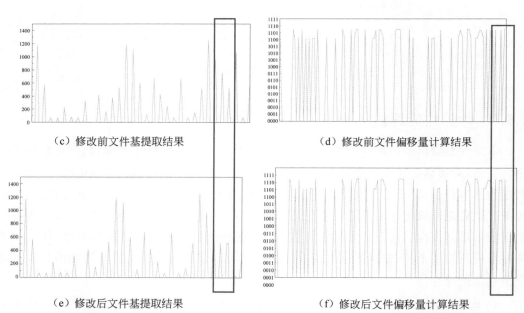

（c）修改前文件基提取结果　　　　　（d）修改前文件偏移量计算结果

（e）修改后文件基提取结果　　　　　（f）修改后文件偏移量计算结果

图 9.4　安全性分析实验结果

　　接下来，随机从 Enron Email 数据集中抽取 100 个文件，分别采用本章方案和 SRGDS 方案提取基和偏移量，并对比基和偏移量大小，以及所消耗的时间开销，进而验证本章方案在时间开销和存储开销上的优势。实验结果如图 9.5 所示。图 9.5（a）展示了对每个文件提取基和偏移量的计算时间对比情况，从结果可以看出本章方案明显优于 SRGDS。这是由于本章方案将计算量大的索引构建结果预先保存在本地和云端，避免了大量的重复计算，在提取基和偏移量时直接查表即可，而 SRGDS 对每个文件均需要重新进行计算，计算复杂度较大。图 9.5（b）和图 9.5（c）分别展示了每个文件所提取基大小和偏移量大小的对比情况，从结果可以看出本章方案所需存储开销较小，说明所提取基具有更强的泛化能力,且偏移量数据之间存在较多冗余,通过压缩可以提高存储效率。

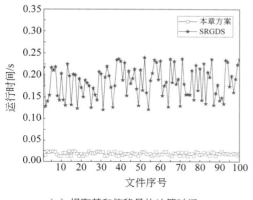

（a）提取基和偏移量的计算时间

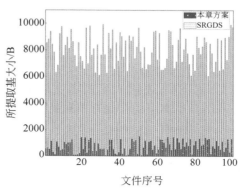

（b）所提取基大小

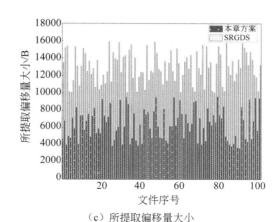

（c）所提取偏移量大小

图 9.5　计算性能分析实验结果

9.5.2　去重效率评估

本实验中将比较本章方案与 ZEUS、RARE 和 CIDER 对相似文件去重的性能。具体地,从 Enron Email 数据集中随机选取 1000 个 14~26KB 的文件,数据总量为 19 135KB。从 Sakila Sample 数据集中选取支付数据记录生成另一个 2241B 的文件开展实验。在本实验中,假设这两个文件均在云端存在,分别替换部分数据内容进行上传,测试上传过程中的通信开销和存储开销。具体地,由于 Enron Email 数据集文件较大,分别替换掉

10％、15％、20％、25％、30％随机选定的数据内容作为敏感信息,生成对应的相似文件,分别对处理后的文件生成对应的去重请求,并根据 4 种方案生成的响应上传数据,最后比较所需的通信开销和存储开销。

图 9.6(a)和图 9.6(b)分别展示了 Enron Email 数据集上的存储开销和通信开销实验结果。对于所选用的 Sakila Sample 数据集,因其数据规模较小,数据模板特征较为清晰,分别替换掉 10％、20％、30％、40％、50％、60％、70％、80％、90％、100％的数据内容作为敏感信息,然后生成去重请求发送给云端。图 9.7(a)和图 9.7(b)分别展示了 Sakila Sample 数据集上的存储开销和通信开销实验结果。如图 9.6 和图 9.7 所示,在两个数据集上,随着文件敏感信息比例的上升,4 种方案的通信开销和存储开销均逐步上升,但本章方案所需开销增长较为缓慢。主要原因在于 CIDER、ZEUS、RARE 都是块级数据去重方案,CIDER 的返回值在区间[未命中块数量,未命中块数量＋1]内随机选取,ZEUS 和 RARE 均对请求中的相邻块配对生成响应,当其中至少一个块被命中时,ZEUS 在响应中要求上传的块数为 1,而 RARE 为 1 或 2,因此 CIDER 的开销小于 ZEUS 和 RARE,RARE 的开销最大。而本章方案仅对基开展跨用户去重,对偏移量则开展云端去重,所以在不同的敏感信息比例下,需要的通信开销主要来源于偏移量数据和基数据哈希值上传,存储开销主要来源于敏感信息的偏移量数据,因此增长较为平缓。与其他 3 种方案相比,本章方案字节级的去重方式,可以降低敏感信息中基的存储开销,且对偏移量数据压缩后可进一步降低开销,因此,在存储开销和通信开销上均表现出显著的优势。

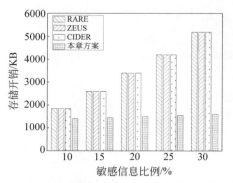 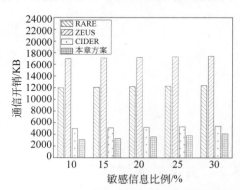

(a) Enron Email数据集上不同文件上传的存储开销　　(b) Enron Email数据集上不同文件上传的通信开销

图 9.6　Enron Email 数据集去上重效率验证实验结果

具体地,在 Enron Email 数据集上,随着敏感信息比例从 10％增加到 30％,本章方案的存储开销从 1417KB 增加至 1878KB,低于 ZEUS、RARE、CIDER 的存储开销,同时通信开销从 3006KB 增加至 4155KB,也低于 ZEUS、RARE、CIDER 的通信开销。本章方

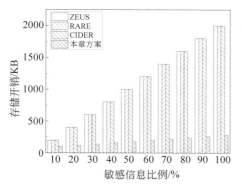
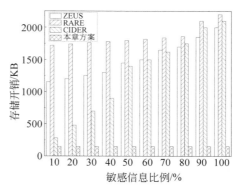

（a）Sakila Sample数据集上不同文件上传的存储开销 （b）Sakila Sample数据集上不同文件上传的通信开销

图 9.7 Sakila Sample 数据集去重效率验证实验结果

案在 Sakila Sample 数据集上表现出更优的去重效率,相较于 ZEUS、RARE、CIDER,存储开销可节约 $50\%\sim90\%$。当敏感信息比例较大时,表现出更为显著的优势,这是因为部分所提取的基已经存储于云端且具有较强的泛化能力,即使敏感信息比例增大,仍然可以实现数据的有效去重。而 ZEUS、RARE、CIDER 均为块级数据去重方案,无法在字节级提取相似的文件内容。由图 9.6 和图 9.7 的实验结果,可以发现本章方案在 Sakila Sample 数据集上具有更加显著的优势。这是因为 Sakila Sample 数据集中数据内容更加规范,所提取出的基之间重复度更高,表明本章方案更适合用于类似数据库等数据模板特征更为清晰的文件。

9.6 本章小结

本章提出了一种通用的跨用户重复数据安全去重方案,可以有效地保护云端文件或块的存在性隐私在侧信道攻击下的安全性。更进一步地,本章所提出的基提取策略,能够从相似的文件或块中以较高概率提取出相同模板,具有良好的泛化能力。除此之外,本章对偏移量在上传前进行压缩处理,能够有效降低偏移量上传的通信开销。在两个真实数据集上的实验结果表明,与前几章所提方案相比,本章所提方案具有更高的去重效率和存储效率。但是,由于本章所提方案中数据分块方法为固定长度,可能存在边界平移问题,后续在数据分块方法上还有进一步优化的空间。

参 考 文 献

[1] 中华人民共和国中央人民政府. 数字中国发展报告(2020年)[EB/OL]. https://www.gov.cn/xinwen/2021-07/03/content_5622668.htm.

[2] 中华人民共和国中央人民政府. 中华人民共和国2020年国民经济和社会发展统计公报[EB/OL]. https://www.gov.cn/xinwen/2021-02/28/content_5589283.htm.

[3] IDC. Data Age 2025[EB/OL]. https://www.seagate.com/files/www-content/our-story/trends/files/Seagate-WP-DataAge2025-March-2017.pdf.

[4] ZHANG K, LIANG X H, LU R X, et al. Sybil attacks and their defenses in the Internet of Things [J]. IEEE Internet of Things Journal, 2014, 1(5): 372-383.

[5] XIONG J B, LI F H, MA J F, LIU X M, et al. A full lifecycle privacy protection scheme for sensitive data in cloud computing[J]. Peer-to-Peer Networking and Applications, 2015, 8(6): 1025-1037.

[6] RABOTKA V, MANNAN M. An evaluation of recent secure deduplication proposals[J]. Journal of Information Security and Applications, 2016, 27/28: 3-18.

[7] ARMKNECHT F, BOYD C, DAVIES G T, et al. Side channels in deduplication: trade-offs between leakage and efficiency[C]. Proceedings of the 2017 ACM Asia Conference on Computer and Communications Security, 2017: 266-274.

[8] ZUO P F, HUA Y, WANG C, et al. Mitigating traffic-based side channel attacks in bandwidth-efficient cloud storage[C]. Proceedings of the 2018 IEEE International Parallel and Distributed Processing Symposium, 2018: 1153-1162.

[9] ZUO P F, HUA Y, SUN Y Y, et al. Bandwidth and energy efficient image sharing for situation awareness in disasters[J]. IEEE Transactions on Parallel and Distributed Systems, 2019, 30(1): 15-28.

[10] YU C M, GOCHHAYAT S P, CONTI M, et al. Privacy aware data deduplication for side channel in cloud storage[J]. IEEE Transactions on Cloud Computing, 2020, 8(2): 597-609.

[11] VESTERGAARD R, ZHANG Q, LUCANI D E. Cider: A low overhead approach to privacy aware client-side deduplication [C]. Proceedings of the 63th IEEE Global Communications Conference, 2020: 1-6.

[12] HA G X, CHEN H, JIA C F, et al. Threat model and defense scheme for side-channel attacks in client-side deduplication[J]. Tsinghua Science and Technology, 2023, 28(1): 1-12.

[13] DOUCEUR J, ADYA A, BOLOSKY W, et al. Reclaiming space from duplicate files in a serveless distributed file system [C]. Proceedings of the 22nd IEEE International Conference on Distributed Computing Systems, 2002: 617-624.

[14] KWON H, HAHN C, KOO D Y, et al. Scalable and reliable key management for secure deduplication in cloud storage[C]. Proceedings of the 10th IEEE International Conference on Cloud Computing, 2017: 391-398.

[15] BELLARE M, KEELVEEDHI S, RISTENPART T. DupLESS: Server-aided encryption for deduplicated storage[C]. Proceedings of the 22nd USENIX Security Symposium, 2013: 179-194.

[16] LIN J, ASOKAN N, PINKAS B. Secure deduplication of encrypted data without additional independent servers[C]. Proceedings of the 22nd ACM SIGSAC Conference on Computer and Communications Security, 2015: 874-885.

[17] YU C M. Poster: Efficient cross-user chunk-level client-side data deduplication with symmetrically encrypted two-party interactions[C]. Proceedings of the 23rd ACM SIGSAC Conference on Computer and Communications Security, 2016: 1763-1765.

[18] DANG H, CHANG E C. Privacy-preserving data deduplication on trusted processors[C]. Proceedings of the 10th IEEE International Conference on Cloud Computing, 2017: 66-73.

[19] TANG X, ZHOU L N, HUANG Y F, et al. Efficient cross-user deduplication of encrypted data through re-encryption[C]. Proceedings of the 17th IEEE International Conference on Trust, Security and Privacy in Computing and Communications, 2018: 897-904.

[20] HARNIK D, PINKAS B, SHULMAN-PELEG A. Side channels in cloud services: deduplication in cloud storage[J]. IEEE Security & Privacy, 2010, 8(6): 40-47.

[21] STANEK J, SORNIOTTI A, ROULAKI E, et al. A secure data deduplication scheme for cloud storage[C]. Proceedings of the 18th International Conference on Financial Cryptography and Data Security, 2014: 99-118.

[22] STANEK J, KENCL L. Enhanced secure threshold data deduplication scheme for cloud storage [J]. IEEE Transactions on Dependable and Secure Computing, 2018, 15(4): 694-707.

[23] ZHANG Y, MAO Y, XU M, et al. Towards thwarting template side-channel attacks in secure cloud deduplications[J]. IEEE Transactions on Dependable and Secure Computing, 2019, 18(3): 1008-1018.

[24] TARASOV V, MUDRANKIT A, BUIK W, et al.. Generating realistic datasets for deduplication analysis[C]. Proceedings of the 2012 USENIX Annual Technical Conference, 2012: 261-272.

[25] LEE S, CHOI D. Privacy-preserving cross-user source-based data deduplication in cloud storage [C]. Proceedings of the 2012 International Conference on ICT Convergence, 2012: 329-330.

[26] TANG X, ZHANG Y, ZHOU L N, et al. Request merging based cross-user deduplication for cloud storage with resistance against appending chunks attack[J]. Chinese Journal of Electronics, 2021, 30(2): 199-209.

[27] PUZIO P, MOLVA R, ONEN M, et al. ClouDedup: Secure deduplication with encrypted data for cloud storage[C]. Proceedings of the 5th International Conference on Cloud Computing

Technology and Science，2013：363-370.

[28] XIA W，JIANG H，FENG D，et al. A comprehensive study of the past，present，and future of data deduplication[J]. Proceedings of the IEEE，2016，104(9)：1681-1710.

[29] SHIN Y，KIM K. Differentially private client-side data deduplication protocol for cloud storage services[J]. Security and Communication Networks，2015，8：2114-2123.

[30] ZHANG Y，XU C X，LI H W，et al. HealthDep：An efficient and secure deduplication scheme for cloud-assisted eHealth systems[J]. IEEE Transactions on Industrial Informatics，2018，14 (9)：4101-4112.

[31] COHEN W W. Enron Email Dataset[EB/OL]. https：//www.cs.cmu.edu/~enron/.

[32] PHILBIN J，ARANDJELOVIĆ R，ZISSERMAN A. The Oxford Buildings dataset[EB/OL]. http：//www.robots.ox.ac.uk//~vgg/data/oxbuildings/.

[33] LARSSON F，FELSBERG M. Traffic Signs dataset[EB/OL]. http：//www.cvl.isy.liu.se/en/ research/datasets/traffic-signs-dataset/download/.

[34] SEHAT H，PAGNIN E，LUCANI D E. Yggdrasil：Privacy-aware dual deduplication in multi client settings[C]. Proceedings of the 55th IEEE International Conference on Communications，2021：1-6.

[35] HA X G，CHEN H，JIA F C，et al. A secure deduplication scheme based on data popularity with fully random tags[C]. Proceedings of the 20th IEEE International Conference on Trust，Security and Privacy in Computing and Communications，2021：207-214.

[36] JEFFREY H. Cloud，cybersecurity，and trust power the future of industry ecosystems[R]. IDC Survey Spotlight，2022.

[37] YU C M. Counteracting side channels in cross-user client-side deduplicated cloud storage[J]. IEEE Internet of Things Journal，2023，10(17)：1-13.

[38] ALBALAWI A，VASSILAKIS V，CALINESCU R. Side-channel attacks and countermeasures in cloud services and infrastructures[C]. Proceedings of the 34th IEEE/IFIP Network Operations and Management Symposium，2022：1-4.

[39] TANG X，CHEN X，ZHOU R，et al. Marking based obfuscation strategy to resist side channel attack in cross-user deduplication for cloud storage [C]. Proceedings of the 21th IEEE International Conference on Trust，Security and Privacy in Computing and Communications，2022：547-555.

[40] TANG X，ZHOU Y T，ZHU Y D，et al. Random chunks generation attack resistant cross-user deduplication for cloud storage[C]. Proceedings of the 22th IEEE International Conference on Trust，Security and Privacy in Computing and Communications，2023：1-9.

[41] TANG X，LIU Z，SHAO Y，et al. Side channel attack resistant cross-user generalized deduplication for cloud storage[C]. Proceedings of the 56th IEEE International Conference on

Communications，2022：998-1003.

[42] SRINIDHI. Linux logs dataset[EB/OL]. https：//www.kaggle.com/datasets/ggsri123/linux-logs.

[43] 林耿豪，周子集，唐鑫，等.采用随机块附加策略的云数据安全去重方法[J].西安电子科技大学学报，2023，50(5)：1-19.

[44] 中华人民共和国中央人民政府.中华人民共和国国民经济和社会发展第十四个五年规划和2035年远景目标纲要[EB/OL]. https：//www.gov.cn/xinwen/2021-03/13/content_5592681.htm？eqid=e5fdcd4200030841000000036475b4ab.

[45] 中国信息通信研究院.大数据白皮书(2022年)[R].北京：中国信通院，2023.

[46] 希捷科技.数据时代2025[R].北京：国际数据公司，2018.

[47] WALLACE G，DOUGLIS F，QIAN H，et al. Characteristics of backup workloads in production systems[J]. USENIX Association，2012，12：4-4.

[48] 敖莉，舒继武，李明强.重复数据删除技术[J].软件学报，2010，21(5)：916-929.

[49] PAULO J，PEREIRA J. A survey and classification of storage deduplication systems[J]. ACM Computing Surveys，2014，47(1)：1-30.

[50] YU S. Big privacy：Challenges and opportunities of privacy study in the age of big data[J]. IEEE Access，2016，4：2751-2763.

[51] 刘小梅，唐鑫，杨舒婷，等.基于Reed-Solomon编码的抗侧信道攻击云数据安全去重方法[J].信息安全学报，2022，7(6)：80-93.

[52] HEEN O，NEUMANN C，MONTALVO L，et al. Improving the resistance to side-channel attacks on cloud storage services[C]. Proceedings of the 5th International Conference on New Technologies，Mobility and Security，2012：1-5.

[53] 高原，咸鹤群，穆雪莲，等.基于阈值自适应调整的重复数据删除方案[J].青岛大学学报(自然科学版)，2019，32(4)：36-39.

[54] STORER M W，GREENAN K，LONG D D，et al. Secure data deduplication[C]. Proceedings of the 4th ACM International Workshop on Storage Security and Survivability，2008：1-10.

[55] HALEVI S，HARNIK D，PINKAS B，et al. Proofs of ownership in remote storage systems[C]. Proceedings of the 18th ACM Conference on Computer and Communications Security，2011：491-500.

[56] WANG B，LOU W，HOU Y T. Modeling the side-channel attacks in data deduplication with game theory[C]. Proceedings of the 2015 IEEE Conference on Communications and Network Security，2015：200-208.

[57] TANG X，ZHOU L，HU B，et al. Aggregation-based tag deduplication for cloud storage with resistance against side channel attack[J]. Security and Communication Networks，2021，2021：1-15.

[58] POORANIAN Z，CHEN K C，YU C M，et al. RARE：Defeating side channels based on data

deduplication in cloud storage[C]. Proceedings of the 39th IEEE International Conference on Computer Communications Workshops，2018：444-449.

[59]　王崛赣，柳毅. 一种侧重数据隐私保护的客户端去重方法[J]. 现代计算机，2021，27(23)：100-106.

[60]　宁川. IBM 大数据分析创造巨大商业价值[J]. 数字商业时代，2015(4)：30-31.

[61]　付印金. 面向云环境的重复数据删除关键技术研究[D]. 长沙：国防科学技术大学，2013.

[62]　SU K W，LEU J S，YU M C，et al. Design and implementation of various file deduplication schemes on storage devices[J]. Mobile Networks and Applications，2017，22：40-50.

[63]　FAN C I，HUANG S Y，HSU W C. Hybrid data deduplication in cloud environment[C]. Proceedings of the 2012 International Conference on Information Security and Intelligent Control，2012：174-177.

[64]　廖海生，赵跃龙. 基于 MD5 算法的重复数据删除技术的研究与改进[J]. 计算机测量与控制，2010，18(3)：635-638.

[65]　黄奇凡. 云存储系统文件级数据去重方法研究[D]. 武汉：武汉纺织大学，2019.

[66]　王泽，曹莉莎. 散列算法 MD5 和 SHA-1 的比较[J]. 电脑知识与技术，2016，12(11)：246-247.

[67]　贺秦禄. 云存储环境下重复数据删除关键技术研究[D]. 西安：西北工业大学，2016.

[68]　张峥，李勇，张全中. 混合重复数据删除调度方法及系统：CN114020218A[P]. 2022-02-08.

[69]　王灿. 基于在线重复数据消除的海量数据处理关键技术研究[D]. 成都：电子科技大学，2012.

[70]　MEYER D T，BOLOSKY W J. A study of practical deduplication[J]. ACM Transactions on Storage，2012，7(4)：1-20.

[71]　宋桂平. 重复数据删除技术在云存储中的应用[J]. 科技创新与应用，2022，12(19)：158-161.

[72]　MIN F，DAN F，YU H，et al. Design tradeoffs for data deduplication performance in backup workloads[J]. USENIX Conference on File & Storage Technologies，2015，12：331-344.

[73]　魏建生. 高性能重复数据检测与删除技术研究[D]. 武汉：华中科技大学，2012.

[74]　KOCHER P，JAFFE J，JUN B. Differential power analysis[C]. Proceedings of the 19th Annual International Cryptology Conference，1999：388-397.

[75]　王庆，屠晨阳，沈嘉荟. 侧信道攻击通用框架设计及应用[J]. 信息网络安全，2017(5)：57- 62.

[76]　王安，葛婧，商宁，等. 侧信道分析实用案例概述[J]. 密码学报，2018，5(4)：383-398.

[77]　熊金波，张媛媛，李凤华，等. 云环境中数据安全去重研究进展[J]. 通信学报，2016，37(11)：169-180.

[78]　HOVHANNISYAN H，LU K，YANG R，et al. A novel deduplication-based covert channel in cloud storage service[C]. Proceedings of the 2015 IEEE Global Communications Conference，2015：1-6.

[79]　施南业，袁莹，汪昕晨，等. 基于多比特重复数据删除的云存储信道隐藏[J]. 计算机工程，2018，44(6)：111-116.

[80]　唐鑫，周琳娜. 基于响应模糊化的抗附加块攻击云数据安全去重方法[J]. 计算机应用，2020，40 (4)：1085-1090.

[81]　Machine learning repository[EB/OL]. http://archive.ics.uci.edu/ml.

[82]　LIU M Y，LI P，LIU S J. Effeclouds：A cost-effective cloud-of-clouds framework for two-tier storage[J]. Future Generation Computer Systems，2022，129：33-49.

[83]　FAN Y，LIN X D，LIANG W，et al. A secure privacy preserving deduplication scheme for cloud computing[J]. Future Generation Computer Systems，2019，101：127-135.

[84]　VESTERGAARD R，ZHANG Q，LUCANI D E. Lossless compression of time series data with generalized deduplication[C]. Proceedings of the 62th IEEE Global Communications Conference，2019：1-6.

[85]　HILLYER M. Sakila Sample database[EB/OL]. https://dev.mysql.com/doc/sakila/en/.

[86]　JIANG S R，JIANG T，WANG L M. Secure and efficient cloud data deduplication with ownership management[J]. IEEE Transactions on Services Computing，2020，13(6)：1152-116.

[87]　TAO X J，WANG L M，XU Z，et al. SCAMS：A novel side-channel attack mitigation system in iaas cloud[C]. Proceedings of the 39th IEEE Military Communications Conference，2021：329-334.

[88]　ZHANG Y，XU C X，LIN X D，et al. Blockchain-based public integrity verification for cloud storage against procrastinating auditors[J]. IEEE Transactions on Cloud Computing，2019，9(3)：923-937.

[89]　ZHANG Y，JIANG H，FENG D，et al. Ae：An asymmetric extremum content defined chunking algorithm for fast and bandwidth-efficient data deduplication[C]. Proceedings of the 34th IEEE International Conference on Computer Communications，2015：1337-1345.

[90]　MANBER U，MYERS G. Suffix arrays：A new method for online string searches[J]. SIAM Journal on Computing，1993，22(5)：935-948.